Mathematik Übungsbuch für Ökonomen

Aufgaben und Lösungen

Von
Professor Dr. Otto Opitz

7., durchgesehene Auflage

R. Oldenbourg Verlag München Wien

Bibliografische Information Der Deutschen Bibliothek

Die Deutsche Bibliothek verzeichnet diese Publikation in der Deutschen Nationalbibliografie; detaillierte bibliografische Daten sind im Internet über <http://dnb.ddb.de> abrufbar.

Rosenheimer Straße 145, D-81671 München
Telefon: (089) 45051-0
www.oldenbourg-verlag.de

Gedruckt auf säure- und chlorfreiem Papier
Gesamtherstellung: Hofmann Medien Druck und Verlag GmbH, Dachau

ISBN 3-486-57718-2

Vorwort

Das vorliegende Arbeitsbuch enthält 100 Aufgaben, die sich mit den für die Ökonomie wichtigsten mathematischen Grundlagen befassen. Die Auswahl der Aufgaben orientiert sich an der Darstellung

Opitz, O.: Mathematik - Lehrbuch für Ökonomen
Oldenbourg-Verlag, München, Wien.

Teilweise wurden auch Prüfungsaufgaben, die an der Wirtschafts- und Sozialwissenschaftlichen Fakultät der Universität Augsburg in den vergangenen Jahren gestellt wurden, neu aufbereitet. An dieser Stelle darf ich mich bei allen meinen ehemaligen und gegenwärtigen Mitarbeitern, die seit dem Jahr 1978 an der Aufgabenstellung zur Klausur "Mathematik für Studierende der Wirtschaftswissenschaften" beteiligt waren, herzlich bedanken.

Der Aufgabenteil des Buches ist in 4 Teile gegliedert:

A. 18 Aufgaben zur Aussagenlogik und Mengenlehre
(Lehrbuch - Kapitel 2 und 3)

B. 32 Aufgaben zur linearen Algebra, d.h., zu Matrizen, Vektoren, zu linearen Gleichungen, Abbildungen und zur linearen Optimierung sowie zu Eigenwertproblemen bei Matrizen
(Lehrbuch - Kapitel 4 bis 6)

C. 41 Aufgaben zur Analysis, d.h., zu Folgen und Reihen, zu elementaren reellen Funktionen einer und mehrerer Variablen, ihrer Differentiation und Integration
(Lehrbuch - Kapitel 7 bis 11)

D. 9 Aufgaben zu Differenzen- und Differentialgleichungen
(Lehrbuch - Kapitel 12)

Um dem Studierenden bei der Bearbeitung der Aufgaben eine Kontrolle seiner Überlegungen zu ermöglichen, werden in einem umfangreichen Teil E alle Aufgaben ausführlich gelöst. Bei der Entwicklung der Lösung wird jeweils auf relevante Definitionen und Sätze, gelegentlich auch auf Beispiele, des oben angegebenen Lehrbuches verwiesen.

Für die kritische Durchsicht des Manuskripts, sowie die Organisation und Durchführung der aufwendigen Schreibarbeit in LaTeX möchte ich mich sehr herzlich bei meinen Mitarbeiterinnen und Mitarbeitern bedanken. Es sind dies insbesondere Herr Dr. Thomas Bausch, Herr Dr. Raimund Wiedemann, Herr Dipl.-math. oec. Rainer Lasch, Frau Ingrid Betz sowie die studentischen Tutoren Ekkehard Bitterolf und Stephan Jacoby. Einmal mehr gilt mein ausdrücklicher Dank auch Herrn Martin Weigert und dem Oldenbourg-Verlag für die reibungslose Zusammenarbeit.

Otto Opitz

Inhaltsverzeichnis

A. Aufgaben zu Aussagenlogik und Mengen Lehrbuch — Kapitel 2 und 3

Aufgabe 1

Gegeben sind die Aussagen **A, B, C, D**.

a) Für den Fall, daß **A** und **D** wahr, **B** und **C** falsch sind, bestimme man den Wahrheitsgehalt der verknüpften Aussagen:
   1) $(\mathbf{A} \wedge \mathbf{C}) \vee (\mathbf{B} \wedge \mathbf{D}) \vee \mathbf{D}$
   2) $\mathbf{A} \Rightarrow \mathbf{D} \Rightarrow \mathbf{C} \Rightarrow \mathbf{B}$
   3) $(\overline{\mathbf{A}} \Longleftrightarrow \mathbf{A}) \Longleftrightarrow (\overline{\mathbf{B}} \Longleftrightarrow \mathbf{B})$
   4) $(\mathbf{A} \Rightarrow \mathbf{B}) \Longleftrightarrow (\mathbf{A} \Rightarrow \overline{\mathbf{B}})$

b) Man ermittle die Wahrheitstafeln der verknüpften Aussagen
   1) $\mathbf{A} \wedge (\mathbf{A} \Rightarrow \mathbf{B}) \Rightarrow \mathbf{B}$
   2) $\mathbf{B} \wedge (\overline{\mathbf{A}} \Rightarrow \overline{\mathbf{B}}) \Rightarrow \mathbf{A}$

   und interpretiere die Ergebnisse.

c) Zu den Aussagen $\mathbf{A}, \mathbf{B}$ stelle man die Aussage "entweder **A** oder **B**" formal dar.

Aufgabe 2

a) Man zeige, daß die quadratische Gleichung $x^2 + px + 1 = 0$ genau dann eine reelle Lösung besitzt, wenn p nicht im offenen Intervall $\langle -2, 2 \rangle$ enthalten ist.

b) Gegeben sei die Aussage:

$$\mathbf{A}(x): \; x^2 + x + 1 = 0 \qquad \text{mit } x \in \mathbb{R}$$

Welche der folgenden All- bzw. Existenzaussagen

$$\bigwedge_x \overline{(x^2 + x + 1 = 0)}, \quad \bigvee_x (x^2 + x + 1 = 0), \quad \bigvee_x \overline{(x^2 + x + 1 = 0)}$$

$$\overline{\bigwedge_x (x^2 + x + 1 = 0)}, \quad \overline{\bigvee_x (x^2 + x + 1 = 0)}$$

sind wahr ?

Aufgabe 3

a) Für $a \in \mathbb{R}$ beweise man die Äquivalenz

$$(a+1)^5 > (a+1)^4 \Longleftrightarrow a > 0 \ .$$

b) Mit den Aussagen

$$\begin{aligned} \mathbf{A} &: \ a \in \langle -1, 1\rangle \\ \mathbf{B} &: \ \frac{a}{|a+1|} \leqq \frac{a}{|a-1|} \end{aligned}$$

beweise man $\mathbf{A} \Rightarrow \mathbf{B}$, $\quad \mathbf{B} \not\Rightarrow \mathbf{A}$.

Aufgabe 4

Überprüfen Sie mit Hilfe vollständiger Induktion, für welche $n \in \mathbb{N}$ die folgenden Aussagen wahr sind:

$$\begin{aligned} \mathbf{A}_1(n) &: \ \sum_{i=1}^{n} \frac{1}{i(i+1)} = 1 - \frac{1}{n+1} \\ \mathbf{A}_2(n) &: \ \prod_{i=1}^{n} i^i < n^{\left(\frac{n(n+1)}{2}\right)} \end{aligned}$$

Aufgabe 5

a) Man zeige mit Hilfe vollständiger Induktion nach k ($k = 0, 1, 2, \ldots$), daß jede n-elementige Menge $\binom{n}{k}$ Teilmengen mit genau k Elementen besitzt.

b) Zur Menge $M = \{a, b, c, d\}$ bestimme man die Menge T_1 aller 3-elementigen Teilmengen sowie die Menge T_2 aller Teilmengen, die a, b als Elemente enthalten. Man gebe ferner die Mengen $S_1 = T_1 \cap T_2$, $S_2 = T_1 \backslash T_2$, $S_3 = T_2 \backslash T_1$ an und untersuche S_1, S_2, S_3 auf Teilmengenbeziehungen. Welche Teilmengenbeziehungen existieren ferner zwischen den Elementen von S_1, S_2, S_3?

Aufgabe 6

Der Ski-Club "Buckelpiste" möchte anläßlich seines 1000-tägigen Bestehens eine alpine Vereinsmeisterschaft in den Disziplinen Abfahrt (A), Slalom (S) und Riesenslalom (RS) austragen, zu der sich 40 Teilnehmer meldeten. Selbstverständlich darf auch in mehreren Disziplinen gestartet werden.

Für die Abfahrt meldeten sich 15 Läufer, die bis auf 7 nur diese eine Disziplin bestreiten. Am Slalom wollen 20 Läufer teilnehmen, die allesamt auch im Riesenslalom gemeldet sind. An der Abfahrt beteiligt sich von ihnen außer zwei Sportskanonen, die als einzige alle drei Disziplinen belegten, niemand.

a) Wie viele Läufer starten insgesamt im Riesenslalom, wie viele davon nur im Riesenslalom, wie viele kombinieren den Riesenslalom mit dem Slalom, wie viele den Riesenslalom mit der Abfahrt?

b) In jeder der drei Disziplinen wird genau eine Gold-, eine Silber- und eine Bronzemedaille vergeben. Wie viele Möglichkeiten der Medaillenverteilung gibt es in der Abfahrt, im Slalom, im Riesenslalom?

c) Am Abend werden die Medaillengewinner gefeiert. Dabei ermittelte man unter den 40 Teilnehmern 31 Biertrinker, 22 Weintrinker, ferner 6 Personen, die Bier und Wein ablehnen. Wie viele Personen trinken Bier und Wein, wie viele ausschließlich Bier, wie viele ausschließlich Wein?

Aufgabe 7

a) Ein Autokennzeichen bestehe neben dem Städtesymbol aus einem oder zwei Buchstaben sowie aus einer ein- bis dreiziffrigen Zahl. Wie viele verschiedene Kennzeichen können in Augsburg ausgegeben werden, wenn 26 Buchstaben zur Wahl stehen?

b) Ein Autohersteller bietet für eines seiner Fahrzeuge 20 Extras zur freien Auswahl an. Wie viele verschiedene Zusammenstellungsmöglichkeiten gibt es?

c) Im Sonderpaket "Speedy" können aus jedem der drei Teilpakete Fahrwerk, Motor, Outfit, die ihrerseits jeweils aus 5 Komponenten bestehen, zwei verschiedene Ausstattungskomponenten ausgewählt werden. Wie viele Möglichkeiten der Zusammenstellung gibt es?

d) Die Firma "Blaue Wolke" möchte ihren Fuhrpark um 5 Fahrzeuge aufstocken. Sie kann dabei unter drei Motortypen auswählen. Wie viele Bestellmöglichkeiten gibt es?

Aufgabe 8

Eine Basketballmannschaft fährt mit 10 Spielern auf ein Turnier. Vor Beginn der Spiele muß sie aus ihren Reihen einen Schiedsrichter und einen Schriftführer bestimmen, die somit als aktive Spieler ausscheiden.

a) Wie viele unterschiedliche Schiedsrichter - Schriftführer - Kombinationen kann die Mannschaft stellen?

b) Der Schriftführer muß die aktiven Spieler in eine Tabelle eintragen. Wie viele verschiedene Anordnungsmöglichkeiten stehen ihm dafür zur Verfügung?

c) Wie viele Möglichkeiten, aus den aktiven Spielern 5 Feldspieler auszuwählen, gibt es?

d) Nach dem Spiel will sich die Mannschaft für ein Photo in einer Reihe aufstellen. Wie viele Möglichkeiten besitzt sie dafür, wenn innerhalb der rot gekleideten aktiven Spieler und zwischen den schwarz gekleideten Personen (Schiedsrichter und Schriftführer) nicht unterschieden werden soll?

Aufgabe 9

Zu ihrem 2000-jährigen Jubiläum veranstaltet eine Stadt einen Festumzug mit 5 mobilen Kapellen, 10 Schützenvereinen und 5 historischen Gruppen.

a) Wie viele unterschiedliche Anordnungen der 20 Teilnehmergruppen des Festzuges gibt es, falls jeweils innerhalb der Kapellen, Schützenvereine und historischen Gruppen nicht unterschieden werden soll?

b) Für einen anschließenden Festakt müssen 2 Kapellen ausgewählt werden. Wie viele Möglichkeiten gibt es?

c) An jedem der 3 folgenden Tage soll jeweils ein Schützenverein salutieren. Wie viele Möglichkeiten, 3 Vereine auszuwählen, gibt es, falls jeder Schützenverein dabei auch mehrmals beansprucht werden kann? Auf die Reihenfolge soll es dabei nicht ankommen.

d) Die Kostüme der 5 historischen Gruppen werden bewertet und in eine Rangfolge gebracht. Wie viele unterschiedliche Anordnungen der Gruppen können dabei auftreten?

e) Für die 3 besten historischen Kostümgruppen stehen Preise zur Verfügung. Wie viele Gruppenkombinationen sind für diese Plätze möglich?

Aufgabe 10

Die Marktforschungsabteilung einer Gummibärchenfabrik möchte die Attraktivität von 5 Farben untersuchen. Dazu werden mit 1000 Kindern folgende Tests durchgeführt:

a) Jedes Kind bekommt von jeder Farbe ein Gummibärchen und soll die 5 Bärchen gemäß seiner Farbpräferenz anordnen. Wie viele unterschiedliche Anordnungen können dabei auftreten?

b) Für das Gummibärchenkonfekt sollen in Zukunft genau 3 Farben verwendet werden. Wie viele Möglichkeiten gibt es, aus 5 Farben 3 verschiedene auszuwählen?

c) Die 3 am stärksten präferierten Farben sollten im Gummibärchenkonfekt in Zukunft je nach Beliebtheit unterschiedlich stark vertreten sein. Wie viele Möglichkeiten gibt es, unterschiedliche 3-Farben-Anordnungen der angegebenen Art aus den 5 Farben zu wählen?

d) Um die unterschiedliche Beliebtheit der 5 Farben stärker zu quantifizieren, bekommt jedes Kind von jeder Farbe 5 Gummibärchen (also insgesamt 25 Gummibärchen), aus denen es entsprechend seiner Präferenz 5 Bärchen auswählen und anordnen soll. Wie viele unterschiedliche Anordnungen können dabei bei 1000 Kindern auftreten?

e) In Zukunft sollen maximal 3 Farben im Gummibärchenkonfekt enthalten sein. Wie viele unterschiedliche Farbkombinationen können auf den ersten drei Positionen ohne Berücksichtigung der Reihenfolge entstehen?

Aufgabe 11

Ein Verlag will für 1991 einen Wandkalender mit Landschaftsbildern produzieren, wobei pro Monat ein Bild enthalten sein soll. Nach einer Vorauswahl kommen noch 30 Bilder in Frage.

a) Wie viele Möglichkeiten gibt es ohne Berücksichtigung der Reihenfolge, aus dem Vorrat von 30 Bildern 12 verschiedene auszuwählen?

b) Unter den 30 Bildern seien je 9 Sommer- bzw. Winterbilder und je 6 Frühlings- bzw. Herbstbilder. Wie viele Möglichkeiten gibt es, aus den 30 Bildern 12 verschiedene so auszuwählen, daß jede Jahreszeit mit drei Bildern vertreten ist? Innerhalb jeder Jahreszeit soll die Reihenfolge der Bilder unberücksichtigt bleiben.

c) Eine der unter b) angegebenen Möglichkeiten sei realisiert. Wie viele Möglichkeiten gibt es dann noch, die 12 ausgewählten Bilder dem jahreszeitlichen Ablauf entsprechend anzuordnen, wobei mit zwei Winterbildern für Januar, Februar begonnen und mit einem Winterbild für Dezember aufgehört werden soll, und innerhalb der zu einer Jahreszeit gehörenden Bilder die Reihenfolge jeweils frei wählbar ist?

Aufgabe 12

a) In einem Raum gibt es 8 Lampen, die man unabhängig voneinander ein- und ausschalten kann. Wie viele Möglichkeiten gibt es, so daß
   1) genau 5 Lampen brennen?
   2) mindestens 5 Lampen brennen?

b) Drei Ehepaare passieren eine Drehtür. Dabei geht jede der 6 Personen einzeln durch die Drehtür, doch passieren zwei zusammengehörende Ehepartner die Drehtür stets unmittelbar hintereinander. Wie viele mögliche Reihenfolgen gibt es für die 6 Personen, durch die Drehtür zu gehen,
   1) wenn zusätzlich vorausgesetzt wird, daß bei jedem Ehepaar die Dame zuerst durch die Tür geht?
   2) ohne die Voraussetzung aus 1)?

Bei einer Tanzparty sind 10 Damen und 12 Herren anwesend.

c) Wie viele Tanzpaarkombinationen sind für den ersten Tanz möglich, wenn zu einem Tanzpaar jeweils eine Dame und ein Herr gehören sollen?

d) Die im ersten Tanz allein gebliebenen Herren dürfen für den zweiten Tanz jeweils einen Herrn der ersten Runde ablösen. Wie viele neue Tanzpaarkombinationen sind möglich?

e) Wie viele unterschiedliche Tanzpaare hat ein unparteiischer Gast als Schiedsrichter nach dem zweiten Tanz tatsächlich zu bewerten?

Aufgabe 13

Gegeben seien die Menge $M = \{a, b, c, d\}$ sowie die Relationen

$$\begin{aligned} R &= \{(a,b),(a,c),(b,a),(c,d)\} \subset M \times M \\ S &= \{(a,a),(b,c),(c,b),(d,d)\} \subset M \times M. \end{aligned}$$

a) Man bestimme die inversen Relationen R^{-1}, S^{-1} sowie die Kompositionen $R^{-1} \circ S$ und $S^{-1} \circ R$.

b) Man gebe zu den in a) ermittelten Relationen die Relationsgraphen und Relationstabellen an.

c) Welche der in a) ermittelten Relationen erfüllen die Eigenschaften einer Abbildung der Form $f : M \to M$?

d) Man untersuche die in c) erhaltenen Abbildungen auf Surjektivität und Injektivität.

Aufgabe 14

Gegeben sind die Relationen

$$\begin{aligned} S_1 &= \{(x_1, x_2) \in \mathbf{R}^2_+ : x_1 \leqq x_2 \leqq 2\} \\ S_2 &= \{(x_1, x_2) \in \mathbf{R}^2_+ : x_1 + x_2 = 2\} \\ S_3 &= \{(x_1, x_2) \in \mathbf{R}^2_+ : x_1 > 2\} \end{aligned}$$

sowie die Abbildungen $f_1, f_2 : \mathbf{R}^2_+ \to \mathbf{R}^2_+$

$$\begin{aligned} f_1(x_1, x_2) &= (0, x_2) \\ f_2(x_1, x_2) &= (x_1 + x_2, x_2) \,. \end{aligned}$$

a) Man ermittle die Kompositionen $S_1 \circ S_2$, $S_2 \circ S_1$, $S_3 \circ S_1$ sowie deren Umkehrrelationen $(S_1 \circ S_2)^{-1}$, $(S_2 \circ S_1)^{-1}$, $(S_3 \circ S_1)^{-1}$ und stelle die Ergebnisse sowie S_1, S_2, S_3 graphisch dar.

b) Man ermittle die Mengen $f_1(S_1)$, $f_2(S_1)$, $(f_2 \circ f_1)(S_1)$, $f_1(S_2)$, $f_2(S_2)$, $(f_1 \circ f_2)(S_2)$ und stelle diese graphisch dar.

Aufgabe 15

a) Gegeben sind die Mengen $A = \{a, b, c\}$, $B = \{1, 2, 3, 4\}$ und $C = \{\text{rot, grün, gelb, blau}\}$ sowie die Abbildungen

$$\begin{array}{lllll} f_1 & : & A \to B & \text{mit} & f_1(a) = 1,\ f_1(b) = 2,\ f_1(c) = 3 \\ f_2 & : & B \to C & \text{mit} & f_2(2) = \text{rot},\ f_2(1) = f_2(3) = f_2(4) = \text{grün}. \end{array}$$

Welche der Abbildungen f_1, f_2 ist surjektiv, injektiv, bijektiv? Gegebenenfalls ermittle man f_1^{-1}, f_2^{-1}, $f_1 \circ f_2$, $f_2 \circ f_1$.

b) Gegeben sind die Abbildungen

$$\begin{array}{lllll} g_1 & : & \mathbf{R} \to \langle 0, \infty \rangle & \text{mit} & g_1(x) = 2^x \\ g_2 & : & \mathbf{R} \to \langle 0, 1] & \text{mit} & g_2(x) = (x^2 + 1)^{-1}\ . \end{array}$$

Welche der Abbildungen g_1, g_2 sind surjektiv, injektiv, bijektiv? Gegebenenfalls ermittle man g_1^{-1}, g_2^{-1}, $g_1 \circ g_2$, $g_2 \circ g_1$.

Aufgabe 16

Eine Unternehmung möchte ein neues Produkt in drei Ausführungen a, b, c auf den Markt bringen. Eine Umfrage zur Ermittlung der Kaufneigung bei alternativem Angebot führte zu folgendem Ergebnis:

Angebot	$\{a\}$	$\{b\}$	$\{c\}$	$\{a, b\}$	$\{a, c\}$	$\{b, c\}$
Kaufneigung in %	60	40	30	80	80	70

a) Man ermittle die prozentuale Kaufneigung für a und b $(a \wedge b)$, a und c $(a \wedge c)$, b und c $(b \wedge c)$, sowie für das Angebot $\{a, b, c\}$.

b) Man gebe die Abbildung f, die jedes mögliche Angebot X mit $X \subset \{a, b, c\}$, $X \neq \emptyset$ durch den Quotienten $f(X) = \dfrac{\text{Kaufneigung in \% bei } X}{|X|}$ bewertet, in Form einer Wertetabelle an.

c) Auf dem Definitionsbereich D von f ist eine Relation P durch

$$(X, Y) \in P \iff f(X) \leqq f(Y)$$

definiert. Man zeige, daß P eine vollständige Präordnung auf D darstellt und bestimme alle größten Elemente von D bzgl. P.

Aufgabe 17

Zur Besetzung einer Stelle führt eine Unternehmung folgendes Auswahlverfahren für die in der engeren Wahl befindlichen Bewerber durch:
n Bewerber treffen sich mit m Gutachtern in einem Auswahlseminar. Jeder Gutachter führt mit jedem Bewerber ein Einzelgespräch und vergibt dann eine Note zwischen 1 und 4, wobei 1 die beste und 4 die schlechteste Note ist. Wir bezeichnen mit $x_1, \ldots, x_n$ die Bewerber, $y_1, \ldots, y_m$ die Gutachter und mit s_{ij} die Note des Gutachters y_i für Bewerber x_j. Für die Aggregation der Einzelnoten gibt es zwei Vorschläge:

$$(x_k, x_l) \in P_1 \iff \sum_{i=1}^{m} s_{ik} \leqq \sum_{i=1}^{m} s_{il}$$

$$(x_k, x_l) \in P_2 \iff \min_i s_{ik} \leqq \min_i s_{il}$$

a) Interpretieren Sie die Relationen P_1, P_2.

b) Geben Sie für m=3, n=5 und das Notentableau

	x_1	x_2	x_3	x_4	x_5
y_1	2	1	2	2	3
y_2	3	3	2	4	3
y_3	2	4	2	3	4

die Relationen P_1, P_2 durch Aufzählen der Elemente an.

c) Prüfen Sie, ob P_1, P_2 aus b) vollständige Ordnungen sind.

Aufgabe 18

Eine dreiköpfige Familie beabsichtigt die Anschaffung eines neuen PKW. Eine Einigung, daß nur einer von drei Typen a, b, c in Frage kommt, konnte bereits erzielt werden. Die Präferenzen der drei Familienmitglieder sind durch die folgenden vollständigen Präordnungen P_1, P_2, P_3 auf $\{a, b, c\}$

$$\begin{aligned} P_1 &= \{(a,a),(b,b),(c,c),(a,b),(b,a),(a,c),(b,c)\} \\ P_2 &= \{(a,a),(b,b),(c,c),(a,b),(c,a),(c,b)\} \\ P_3 &= \{(a,a),(b,b),(c,c),(a,b),(a,c),(c,b)\} \end{aligned}$$

gegeben. Dabei bedeutet

$$(x,y) \in P_i \Longleftrightarrow \begin{array}{l} \text{Person } i \text{ bewertet den PKW-Typ } x \text{ höchstens} \\ \text{so hoch wie den PKW-Typ } y. \end{array}$$

Die Entscheidung der Familie soll mit Hilfe der Mehrheitsregel P_M, der eingeschränkten Mehrheitsregel $P_{M'}$, sowie der Rangordnungsregel P_R bestimmt werden.

a) Man bestimme die Relationstabellen für P_1, P_2, P_3, P_M, $P_{M'}$, P_R und gebe, falls eindeutig, die jeweilige Entscheidung an.

b) Welches Familienmitglied sieht seine Vorstellungen mit P_M, $P_{M'}$, P_R am besten realisiert?

B. Aufgaben zur Linearen Algebra Lehrbuch — Kapitel 4 bis 6

Aufgaben 19 bis 50

Aufgabe 19

Eine Unternehmung produziert aus drei Rohstoffen R_1, R_2, R_3 drei Zwischenprodukte Z_1, Z_2, Z_3 und daraus zwei Endprodukte E_1, E_2. In der nachfolgenden Graphik

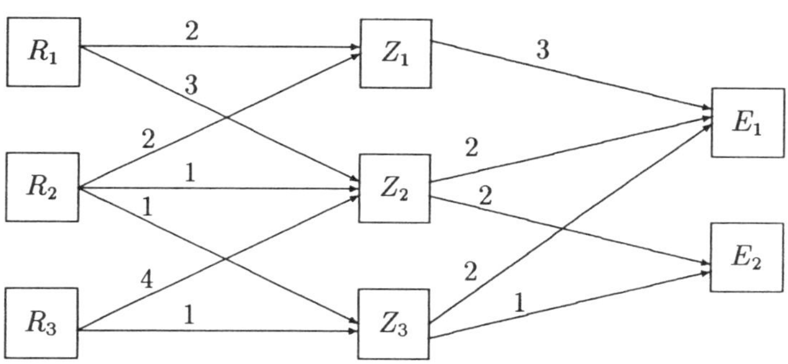

gibt die Pfeilbewertung x mit $\boxed{U} \stackrel{x}{\longrightarrow} \boxed{V}$ an, wie viele Mengeneinheiten von U zur Herstellung einer Einheit von V benötigt werden.

a) Man bestimme die Matrizen $\mathtt{A} = (a_{ij})_{3,3}$ und $\mathtt{B} = (b_{ij})_{3,2}$ mit

a_{ij} = Anzahl der Einheiten von R_i zur Herstellung einer Einheit von Z_j,
b_{ij} = Anzahl der Einheiten von Z_i zur Herstellung einer Einheit von E_j

und interpretiere das Produkt AB .

b) Man berechne den Rohstoff- und den Zwischenproduktvektor für den Fall, daß jeweils 100 Einheiten von E_1 bzw. E_2 hergestellt werden sollen.

c) Mit den Vektoren

$\mathtt{c}_1^T = (1,2,1)$ für die Beschaffungskosten je Rohstoffeinheit,

$\mathtt{c}_2^T = (4,2,3)$ für die Produktionskosten je Zwischenprodukteinheit,

$\mathtt{c}_3^T = (2,4)$ für die Produktionskosten je Endprodukteinheit aus den Zwischenprodukten

berechne man die Gesamtkosten für die in b) ermittelten bzw. gegebenen Rohstoff-, Zwischenprodukt- und Endproduktvektoren.

Aufgabe 20

a) Die Matrix

$$\mathbf{C} = (c_{ij})_{5,5} = \begin{pmatrix} c_{11} & \cdots & c_{15} \\ \vdots & \ddots & \vdots \\ c_{51} & \cdots & c_{55} \end{pmatrix}$$

gibt die Lieferverflechtungen einer Volkswirtschaft mit 5 Wirtschaftssektoren an, d.h., Sektor i liefert an Sektor j Güter im Wert von c_{ij} Währungseinheiten. Zur Matrix

$$\mathbf{S} = \begin{pmatrix} 1 & 1 & 0 & 0 & 0 \\ 0 & 0 & 1 & 0 & 0 \\ 0 & 0 & 0 & 1 & 0 \\ 0 & 0 & 0 & 0 & 1 \end{pmatrix}$$

führe man die Matrixmultiplikation $\mathbf{S}\cdot\mathbf{C}$ bzw. $\mathbf{S}\cdot\mathbf{C}\cdot\mathbf{S}^T$ durch und interpretiere die Ergebnisse.

b) Wie ist die Matrix $\mathbf{S}$ zu wählen, wenn in $\mathbf{S}\cdot\mathbf{C}\cdot\mathbf{S}^T$ gegenüber $\mathbf{C}$ genau die Sektoren $1, 2$ und 3 bzw. die Sektoren 3 und 5 zu einem Sektor zusammengefaßt sind?

Aufgabe 21

Die Mengen M_1, M_2 und M_3 seien wie folgt definiert:

$$M_1 = \left\{ \begin{pmatrix} x_1 \\ x_2 \end{pmatrix} \in \mathbf{R}^2 : 0 < x_1 \leqq 1, \quad 0 < x_2 \leqq 1, \quad x_1 + x_2 < 1 \right\}$$

$$M_2 = \left\{ \begin{pmatrix} x_1 \\ x_2 \end{pmatrix} \in \mathbf{R}^2 : 0 \leqq x_1 \leqq 1, \quad 0 \leqq x_2 \leqq 1, \quad x_1 \geqq x_2 \right\}$$

$$M_3 = M_1 \cap M_2$$

a) Skizzieren Sie die drei Mengen.

b) Geben Sie ohne strengen Beweis an, welche der drei Mengen offene bzw. abgeschlossene konvexe Polyeder sind.

c) Fassen Sie die beiden Mengen M_1 und M_2 als Relationen auf $\mathbf{R}$ auf und prüfen Sie sowohl für M_1 als auch für M_2 , ob Reflexivität, Symmetrie, Antisymmetrie bzw. Vollständigkeit vorliegt.

d) Die Abbildung $f : M_3 \to \mathbf{R}$ sei gegeben durch $f(x_1, x_2) = x_1 + x_2$. Geben Sie den Bildbereich $f(M_3)$ an.

Aufgabe 22

Gegeben sind folgende Punktmengen $M_i \quad (i = 1,2,3)$:

$$\begin{aligned} M_1 &= \left\{ \begin{pmatrix} x_1 \\ x_2 \end{pmatrix} : x_1 - x_2 = 0 \ \wedge \ x_1, x_2 \in \mathbf{N} \cup \{0\} \right\} \\ M_2 &= \left\{ \begin{pmatrix} x_1 \\ x_2 \end{pmatrix} : 2x_1 + x_2 - 8 = 0 \ \wedge \ x_1, x_2 \in \mathbf{R}_+ \backslash \{0\} \right\} \\ M_3 &= \left\{ \begin{pmatrix} x_1 \\ x_2 \end{pmatrix} : \parallel x - \begin{pmatrix} 3 \\ 3 \end{pmatrix} \parallel \leqq 2 \ \wedge \ x_1, x_2 \in \mathbf{R} \right\} \end{aligned}$$

a) Stellen Sie M_1, M_2 und M_3 graphisch dar und überprüfen Sie ohne strengen Beweis die drei Mengen auf Abgeschlossenheit, Beschränktheit und Konvexität.

b) Bestimmen Sie $M_1 \cap M_2$ und $M_1 \cap M_3$.

c) Sei R eine Relation auf M_1 mit: $(\mathbf{x}, \mathbf{y}) \in R \Leftrightarrow \parallel \mathbf{x} - \mathbf{y} \parallel \leqq 2$
Geben Sie alle Elemente $\mathbf{x} \in M_1$ an, die zu einem gegebenen $\mathbf{y} \in M_1$, $\mathbf{y} \neq \mathbf{0}$ in Relation stehen.

Aufgabe 23

a) Gegeben sind folgende Mengen:

$$\begin{aligned} I_1 &= \{z_1 \in \mathbf{R} : z_1^2 \leqq 4\} \\ I_2 &= \{z_2 \in \mathbf{R} : 0 \leqq z_2 \leqq 2\} \end{aligned}$$

Stellen Sie die kartesischen Produkte $I_1 \times I_2$ und $I_2 \times I_2$ jeweils in einem Koordinatensystem dar. Geben Sie alle Eckpunkte von $I_1 \times I_2$ und $I_2 \times I_2$ an.

b) Das Unternehmen "Trinkfest" benötigt für die Herstellung eines neuartigen Mixgetränkes zwei Flüssigkeiten in den Mengen x_1 und x_2. Die für die Produktion möglichen Mengenkombinationen werden durch die Menge

$$M = \left\{ \begin{pmatrix} x_1 \\ x_2 \end{pmatrix} \in \mathbf{R}^2 : x_1^2 + x_2^2 = 9,\ x_1, x_2 > 0 \right\}$$

ausgedrückt. Da das Einkaufsbudget beschränkt ist, können nur x_1, x_2-Kombinationen gekauft werden, die in der Menge

$$B = \left\{ \begin{pmatrix} x_1 \\ x_2 \end{pmatrix} \in \mathbf{R}^2 : x_1 + x_2 \leqq 3.5,\ x_1, x_2 \geqq 0 \right\}$$

liegen. Skizzieren Sie die Mengen M, B und $M \cap B$ in einem Koordinatensystem. Welche dieser Mengen ist konvex und/oder beschränkt? Interpretieren Sie die Menge $M \cap B$.

Aufgabe 24

a) Gegeben sind folgende Mengen im $\mathbf{R}^2$:

$$M_1 = \left\{ \begin{pmatrix} x_1 \\ x_2 \end{pmatrix} \in \mathbf{R}^2 : -x_1^2 + x_2 \geqq 0 \right\}$$
$$M_2 = \left\{ \begin{pmatrix} x_1 \\ x_2 \end{pmatrix} \in \mathbf{R}^2 : -x_1 + x_2 \leqq 2 \right\}$$
$$M_3 = \left\{ \begin{pmatrix} x_1 \\ x_2 \end{pmatrix} \in \mathbf{R}^2 : x_1 + x_2 \leqq 2 \right\}$$

Skizzieren Sie die Menge $M = M_1 \cap M_2 \cap M_3$ und entscheiden Sie, ob diese Menge konvex und/oder kompakt ist.
Charakterisieren Sie alle Eckpunkte von M .

b) Die Firma "Schrotti" produziert über ein Recycling-Verfahren aus Schrottautos ($= x_1$, gemessen in Tonnen) "neuen" Stahl ($= x_2$, gemessen in Tonnen). Die Technologiemenge, d.h. die Menge aller möglichen Input-Output-Vektoren (x_1, x_2) ist durch

$$S = \left\{ \begin{pmatrix} x_1 \\ x_2 \end{pmatrix} \in \mathbf{R}^2 : (x_1 + 3)^2 + (x_2 + 4)^2 \leqq 25,\ x_1 \leqq 0,\ x_2 \geqq 0 \right\}$$

gegebenen (Inputmengen werden negativ, Outputmengen positiv angegeben).

Skizzieren Sie die Technologiemenge S .

Geben Sie für die Input-Output-Vektoren $(-2, 0.5), (-3, 1), (-4, 2)$ an, ob sie zulässig sind und ob es sich gegebenenfalls um Randpunkte von S handelt.

Aufgabe 25

Gegeben seien die folgenden Mengen:

$$M_1 = \left\{ \begin{pmatrix} x_1 \\ x_2 \end{pmatrix} \in \mathbf{R}^2 : x_2 \leqq x_1,\ x_2 \geqq 0 \right\}$$

$$M_2 = \left\{ \begin{pmatrix} x_1 \\ x_2 \end{pmatrix} \in \mathbf{R}^2 : x_2 + 1 \geqq e^{x_1} \right\}$$

$$M_3 = \left\{ \begin{pmatrix} x_1 \\ x_2 \end{pmatrix} \in \mathbf{R}^2 : | x_1 | + | x_2 | < 1,\ x_1 > 0 \right\}$$

a) Skizzieren Sie die drei Mengen.

b) Man beweise die Ungleichung $M_1 \cap M_2 \neq \emptyset$.

c) Welche der Mengen M_1, M_2, M_3, $M_4 = M_1 \cap M_2$, $M_5 = M_3 \setminus M_1$ ist offen bzw. abgeschlossen (ohne Beweis)?

d) Man beweise die Konvexität von M_1 .

Aufgabe 26

Gegeben sind die Vektoren

$$\mathbf{a}_1 = \begin{pmatrix} 1 \\ 0 \\ 0 \end{pmatrix}, \quad \mathbf{a}_2 = \begin{pmatrix} 1 \\ 0 \\ 1 \end{pmatrix}, \quad \mathbf{b}_1 = \begin{pmatrix} 1 \\ 0 \\ 0 \end{pmatrix}, \quad \mathbf{b}_2 = \begin{pmatrix} 0 \\ 1 \\ 1 \end{pmatrix}, \quad \mathbf{b}_3 = \begin{pmatrix} 1 \\ 1 \\ 1 \end{pmatrix}.$$

a) Man bestimme die durch die Vektoren $\mathbf{a}_1, \mathbf{a}_2$ bzw. $\mathbf{b}_1, \mathbf{b}_2, \mathbf{b}_3$ erklärten abgeschlossenen konvexen Kegel $Q_\mathbf{a}$ und $Q_\mathbf{b}$ und bestimme $Q_\mathbf{a} \cap Q_\mathbf{b}$ sowie $Q_\mathbf{a} \cup Q_\mathbf{b}$.

b) Man ermittle die durch die Mengen $\{\mathbf{a}_1, \mathbf{a}_2\}$ bzw. $\{\mathbf{b}_1, \mathbf{b}_2, \mathbf{b}_3\}$ erklärten Vektorräume $V_\mathbf{a}, V_\mathbf{b}$ und prüfe, welche der Mengen $V_\mathbf{a} \cap V_\mathbf{b}$, $V_\mathbf{a} \cup V_\mathbf{b}$ wieder einen Vektorraum darstellen.
Man bestimme gegebenenfalls für die erhaltenen Vektorräume deren Dimension.

Aufgabe 27

Gegeben sei die von den zwei Parametern a,b abhängige Matrix

$$\left(\mathbf{x}^1, \mathbf{x}^2(a), \mathbf{x}^3(b)\right) = \begin{pmatrix} 3 & 1 & b \\ -1 & a & 3 \\ 2 & 0 & -2 \end{pmatrix}.$$

a) Man bestimme die Menge aller $a \in \mathbf{R}$, für die die Spaltenvektoren $\mathbf{x}^1, \mathbf{x}^2(a)$ linear unabhängig sind.

b) Man bestimme die Menge aller $(a, b) \in \mathbf{R}^2$, für die die Spaltenvektoren $\mathbf{x}^1, \mathbf{x}^2(a), \mathbf{x}^3(b)$ linear abhängig sind.

c) Man diskutiere den Rang der Matrizen $(\mathbf{x}^1, \mathbf{x}^2(a), \mathbf{x}^3(-1))$ bzw. $(\mathbf{x}^1, \mathbf{x}^2(-1), \mathbf{x}^3(b))$ in Abhängigkeit von a bzw. b.

Aufgabe 28

Gegeben sei die Matrix

$$\mathtt{A} = \left(\mathrm{a}^1, \mathrm{a}^2, \mathrm{a}^3, \mathrm{a}^4\right) = \begin{pmatrix} 1 & 1 & 3 & 2 \\ 2 & 1 & 2 & 1 \\ 2 & 0 & 1 & -2 \end{pmatrix}.$$

a) Man zeige, daß die Vektoren $\mathrm{a}^1, \mathrm{a}^2, \mathrm{a}^3$ linear unabhängig, die Vektoren $\mathrm{a}^1, \mathrm{a}^2, \mathrm{a}^4$ linear abhängig sind.

b) Inwiefern hängt der Rang der Matrizen $(-2\mathrm{a}^1, 5\mathrm{a}^2, -3\mathrm{a}^3)$, $(\mathrm{a}^1 + \mathrm{a}^2, \mathrm{a}^2, \mathrm{a}^1 + \mathrm{a}^3)$, $(\mathrm{a}^1 + \mathrm{a}^2, \mathrm{a}^2 + \mathrm{a}^3, \mathrm{a}^3 - \mathrm{a}^1)$ von der Lösung a) ab?

Aufgabe 29

a) Man zeige, daß die Vektoren des $\mathbf{R}^4$

$$\mathbf{x}^{1^T} = (1, 2, 3, 4), \ \mathbf{x}^{2^T} = (1, 1, -1, -1), \ \mathbf{x}^{3^T} = (-2, 1, 2, 2)$$

linear unabhängig sind.

b) Welche der Vektoren $\mathbf{x}^1, \mathbf{x}^2, \mathbf{x}^3$ lösen das Gleichungssystem:

$$\begin{array}{rcrcrcrcr} 3x_1 & - & x_2 & + & 2x_3 & + & x_4 & = & -1 \\ 2x_1 & - & 2x_2 & + & 3x_3 & - & x_4 & = & -2 \\ x_1 & - & 3x_2 & + & 4x_3 & - & 3x_4 & = & -3 \\ 4x_1 & & & + & x_3 & + & 3x_4 & = & 0 \end{array}$$

c) Man gebe die allgemeine Lösung des Gleichungssystems an.

Aufgabe 30

a) Welches der beiden Gleichungssysteme

$$\begin{array}{rcrcrcr} x_1 & + & x_2 & & & = & 5 \\ & & x_2 & - & x_3 & = & 2 \\ x_1 & & & + & x_3 & = & 0 \end{array} \qquad \begin{array}{rcrcrcr} x_1 & + & 2x_2 & - & 3x_3 & = & 2 \\ x_1 & + & 4x_2 & + & x_3 & = & 4 \\ x_1 & + & 3x_2 & - & x_3 & = & 3 \end{array}$$

besitzt keine Lösung, eine eindeutige Lösung, unendlich viele Lösungen?

b) Wie verändern sich die Lösungsmengen der beiden Systeme, wenn man jeweils die Gleichung $x_1 + 2x_2 - 3x_3 = 2$ hinzufügt?

c) Man bestimme für beide Systeme, falls möglich, eine Lösung mit $x_3 = 0$.

Aufgabe 31

Man löse das folgende Gleichungssystem in Abhängigkeit von a und b :

$$\begin{pmatrix} 1 & 0 & 0 & -1 \\ 0 & 1 & -1 & 1 \\ 0 & 0 & a & 0 \\ 0 & 1 & 0 & b \end{pmatrix} \cdot \begin{pmatrix} x_1 \\ x_2 \\ x_3 \\ x_4 \end{pmatrix} = \begin{pmatrix} 2 \\ 3 \\ 1 \\ 0 \end{pmatrix}$$

Für welche Werte von a und b hat das Gleichungssystem

a) keine Lösung, d.h. $L = \emptyset$,

b) genau eine Lösung, d.h. $|\, L \,| = 1$,

c) mehrere Lösungen, d.h. $|\, L \,| > 1$?

d) Für $a = 1$ und $b = 0$ gebe man die Lösungsmenge L des Gleichungssystems an.

Aufgabe 32

a) Ohne die Lösungen explizit anzugeben, prüfe man, welche der folgenden Gleichungssysteme keine Lösung, genau eine Lösung, unendlich viele Lösungen besitzen und gebe jeweils eine geeignete Begründung an.

$$I)\quad \begin{array}{rcrcr} 3x_1 & - & x_2 & = & 7 \\ -6x_1 & + & 2x_2 & = & -14 \end{array} \qquad III)\quad \begin{array}{rcrcrcr} x_1 & - & 2x_2 & - & x_3 & = & 1 \\ -2x_1 & + & 4x_2 & + & 2x_3 & = & 2 \end{array}$$

$$II)\quad \begin{array}{rcrcr} 3x_1 & - & x_2 & = & 0 \\ 6x_1 & + & 2x_2 & = & 0 \end{array} \qquad IV)\quad \begin{array}{rcrcrcr} x_1 & - & 2x_2 & + & x_3 & = & 1 \\ -2x_1 & + & 4x_2 & + & 2x_3 & = & 2 \end{array}$$

b) Für zwei lineare Gleichungssysteme hat die Durchführung des Gaußalgorithmus folgende Endtableaus geliefert:

x_1	x_2	x_3	x_4	
1	0	0	−1	2
0	0	1	1	1

x_1	x_2	x_3	x_4	
1	0	3	1	4
0	1	7	−2	1
0	0	0	0	−2

Geben Sie für jedes der Gleichungssyssteme die Lösungsmenge an.

Aufgabe 33

Eine Firma kauft bei gleichbleibenden Preisen p_1, p_2, p_3 und 4 Bestellungen folgende Mengen der Rohstoffe R_1, R_2, R_3 ein:

Bestellungen	1	2	3	4
R_1	4	1	2	6
R_2	1	3	1	2
R_3	2	1	2	4
Rechnungsbetrag in DM	1200	600	800	2000

a) Man beschreibe die Problemstellung durch ein Gleichungssystem mit den Unbekannten p_1, p_2, p_3.

b) Man berechne die Preise p_1, p_2, p_3 der Rohstoffe.

c) Weshalb ergibt sich genau eine Lösung?

d) Welcher Rechnungsbetrag ergibt sich bei einer fünften Bestellung von je 2 Einheiten der 3 Rohstoffe, wenn die Preise gegenüber a) um 5 % angehoben wurden?

Aufgabe 34

In einer Unternehmung werden 4 Produkte P_1, P_2, P_3, P_4 auf 4 Maschinen M_1, M_2, M_3, M_4 gefertigt. Die Tabelle

	M_1	M_2	M_3	M_4
P_1	0	1	1	0
P_2	1	0	0	1
P_3	0	1	0	1
P_4	1	1	1	0

gibt die für eine Einheit von $P_i (i = 1, 2, 3, 4)$ auf Maschine $M_j (j = 1, 2, 3, 4)$ benötigten Zeiteinheiten an. An den Maschinen entstehen pro Zeiteinheit folgende Kosten:

	Kosten durch			
	Strom	Öl	Personal	Reparatur
M_1	0	3	3	0
M_2	2	0	1	0
M_3	0	3	0	2
M_4	1	0	2	1

a) Geben Sie in Matrizenform die linearen Abbildungen an für den
   1) Zeitvektor in Abhängigkeit vom Produktmengenvektor,
   2) Kostenvektor in Abhängigkeit vom Zeitvektor,
   3) Kostenvektor in Abhängigkeit vom Produktmengenvektor.

b) Welchen Zeitaufwand an den einzelnen Maschinen bewirkt die Produktion von $(x_1, x_2, x_3, x_4) = (250, 100, 50, 350)$? Welcher Kostenvektor entsteht dabei?

c) Nennen Sie zwei Möglichkeiten, wie man die Produktmengen (x_1, x_2, x_3, x_4) berechnen kann, bei denen der Kostenvektor $(21, 13, 20, 15)$ entsteht. Formulieren Sie dabei lediglich die Ansätze, ein numerisches Ergebnis wird nicht verlangt.

Aufgabe 35

Ein mittelständischer Unternehmer hat einen Auftrag für vier Produkte vorliegen. Die Produkte lassen sich aus vier Rohstoffen herstellen, wobei pro Einheit eines Rohstoffes gewisse Mengen der Endprodukte entstehen, wie aus der folgenden Tabelle ersichtlich ist:

		Rohstoff				bestellte Menge
		1	2	3	4	
	1	1	1	2	0	4
End-	2	1	2	3	1	7
produkt	3	0	1	1	2	3
	4	0	0	0	1	1

Es sind die Mengen x_1, x_2, x_3, x_4 der Rohstoffe zu ermitteln, wenn weder Rohstoffe noch Endprodukte übrig bleiben sollen.

a) Der Sohn des Unternehmers, ein frischgebackener Betriebswirt, teilt dem Vater mit, daß das Problem unlösbar sei. Beweisen Sie dies, indem Sie das Gleichungssystem aufstellen und untersuchen.

b) Weiterhin führt der Sohn aus: Könnte man den Auftrag so ändern, daß 4 Einheiten von Produkt 3 zu liefern sind, so gäbe es nicht nur die Lösung $(x_1, x_2, x_3, x_4) = (2, 2, 0, 1)$, sondern sehr viele mehr. Beweisen Sie dies durch Untersuchung des neuen Gleichungssystems und geben Sie die Lösungsmenge an.

c) Der Vater ist zwar halbwegs überzeugt, meint aber, daß dennoch nur ein Teil der Lösungen sinnvoll ist. Geben Sie diesen Teil an.

Aufgabe 36

Seien $f : \mathbf{R}^3 \to \mathbf{R}^3$ und $g : \mathbf{R}^3 \to \mathbf{R}^4$ lineare Abbildungen mit

$$f(\mathbf{x}) = \mathbf{F}\mathbf{x}, \mathbf{F} = \begin{pmatrix} 1 & 0 & 2 \\ 0 & 1 & 1 \\ 0 & 1 & -1 \end{pmatrix} \quad \text{bzw.} \quad g(\mathbf{y}) = \mathbf{G}\mathbf{y}, \mathbf{G} = \begin{pmatrix} 1 & -1 & 1 \\ 0 & 2 & 2 \\ 2 & 2 & 6 \\ 0 & -1 & 1 \end{pmatrix}.$$

a) Welche der folgenden Abbildungen f^{-1}, g^{-1}, $g \circ f$, $(g \circ f)^{-1}$, $f \circ g$, $(f \circ g)^{-1}$ existieren (Begründung)? Geben Sie gegebenenfalls die Abbildungen an.

b) Man bestimme die Lösungsmenge des Gleichungssystems $g(f(\mathbf{x})) = b$ mit $b^T = (5, -28, -46, -36)$ $\qquad (\mathbf{x} \in \mathbf{R}^3)$.

Aufgabe 37

Gegeben sind die Matrizen

$$\mathtt{A} = \frac{1}{2}\begin{pmatrix} 1 & 1 & -1 \\ 1 & -1 & 1 \\ -1 & 1 & 1 \end{pmatrix}, \qquad \mathtt{B} = \frac{1}{10}\begin{pmatrix} 8 & 3\sqrt{2} & 3\sqrt{2} \\ 6 & -4\sqrt{2} & -4\sqrt{2} \\ 0 & 5\sqrt{2} & -5\sqrt{2} \end{pmatrix}$$

$$\mathtt{C} = \frac{1}{2}\begin{pmatrix} 1 & 1 & 1 & 1 \\ 1 & 1 & -1 & -1 \\ \sqrt{2} & -\sqrt{2} & 0 & 0 \\ 0 & 0 & \sqrt{2} & -\sqrt{2} \end{pmatrix}, \qquad \mathtt{D} = \frac{1}{4}\begin{pmatrix} 1 & 0 & 0 & 0 \\ 0 & 2 & 0 & 0 \\ 0 & 0 & 4 & 0 \\ 0 & 0 & 0 & 8 \end{pmatrix}.$$

a) Welche der Matrizen sind orthogonal?

b) Für alle Matrizen bestimme man den Rang und gegebenenfalls die inversen Matrizen.

c) Man berechne die Matrix $\mathtt{X}$, die der Gleichung $\mathtt{CXC}^T = \mathtt{D}$ genügt.

Aufgabe 38

Gegeben sei die Input-Output-Tabelle:

		an Landwirtschaft	Verkehr	Endverbrauch
von	Landwirtschaft	100	100	300
	Verkehr	200	100	100

a) Man gebe den Gesamtoutput der Sektoren Landwirtschaft und Verkehr an.

b) Man berechne die Matrix $\mathtt{A}$ der Input-Output-Koeffizienten, ferner $\mathtt{E} - \mathtt{A}$ und $(\mathtt{E} - \mathtt{A})^{-1}$.

c) Mit Hilfe von $\mathtt{E} - \mathtt{A}$ berechne man den Endverbrauchsvektor für einen Outputvektor $(600, 500)$.

d) Mit Hilfe von $(\mathtt{E} - \mathtt{A})^{-1}$ berechne man den Outputvektor, wenn der Endverbrauch für beide Sektoren gegenüber den Tabellenangaben um 10 % ansteigt.

Aufgabe 39

Ein Unternehmen produziert auf drei Maschinen $M1, M2, M3$ die drei Produkte $P1, P2$ und $P3$, wobei jedes Produkt alle Maschinen durchlaufen muß.

Die Produktionszeiten betragen für

$P1$:	5 min auf $M1$,	7 min auf $M2$	und	1 min auf $M3$
$P2$:	4 min auf $M1$,	2 min auf $M2$	und	3 min auf $M3$
$P3$:	3 min auf $M1$,	1 min auf $M2$	und	2 min auf $M3$

Die Maschinenkapazitäten liegen für $M1$ bei 180 min, $M2$ bei 170 min und $M3$ bei 100 min.

a) Geben Sie die Menge aller produzierbaren Quantitäten $\begin{pmatrix} x_1 \\ x_2 \\ x_3 \end{pmatrix} \in \mathbb{R}^3_+$ an.

b) $P3$ sei ein spezielles Einzelteil, von dem genau 20 Einheiten produziert werden müssen.
Geben Sie unter dieser Nebenbedingung die Menge Z aller produzierbaren Quantitäten $\begin{pmatrix} x_1 \\ x_2 \end{pmatrix} \in \mathbb{R}^2_+$ für $P1$ und $P2$ an und stellen Sie die Menge graphisch dar.

c) Der Gewinn betrage je Einheit DM 12,– für $P1$ und DM 4,– für $P2$. Welcher Produktionsvektor $\begin{pmatrix} x_1 \\ x_2 \end{pmatrix} \in Z$ maximiert den Gewinn? Wie hoch ist der Gewinn?

d) Ein Händler bietet dem Unternehmen eine neue Maschine mit einer Kapazität von 120 min als Ersatz für $M2$ an. Die Produktionszeiten betragen dann 4 min für $P1$, 2 min für $P2$ und 1 min für $P3$. Lohnt sich der Tausch unter dem Gesichtspunkt der Gewinnmaximierung?

Aufgabe 40

Gegeben sei das Ungleichungssystem

$$\begin{aligned} \mathbf{Ax} &\leqq \mathbf{b} \\ \mathbf{x} &\geqq \mathbf{0} \end{aligned} \qquad \text{mit} \quad (\mathbf{A}|\mathbf{b}) = \left(\begin{array}{ccc|c} 2 & 1 & 1 & 4 \\ 1 & 2 & 2 & 5 \end{array}\right).$$

a) Man zeige, daß der zulässige Bereich Z beschränkt und nicht leer ist.

b) Man bestimme alle Eckpunkte von Z .

Aufgabe 41

Anläßlich und zur Finanzierung einer Examensfeier soll ein neues Mixgetränk 'Leichte Prüfung' (LP) kreiert werden. Zum Mischen stehen drei Basisflüssigkeiten in ausreichendem Maße zur Verfügung:

Basisflüssigkeit	Alkohol (%)	Kosten (DM/Liter)
Klarer	40	12
Kräuterlikör	20	18
Orangensaft	0	2

Folgende Anforderungen werden an das Mixgetränk LP gestellt:

- LP soll einen Alkoholgehalt von mindestens 6 % haben.
- Um Verwechslungen mit bekannten Mixgetränken (Wodka-Orange etc.) zu vermeiden, soll LP mindestens zu 10 % Kräuterlikör enthalten.
- Der Orangensaftanteil soll höchstens 75 % betragen.
- LP soll möglichst geringe Kosten pro Liter verursachen.

a) Man beschreibe das Problem durch ein lineares Optimierungsproblem mit drei Variablen x_1, x_2, x_3 .

b) Man zeige, daß eine geometrische Lösung des Problems im $\mathbb{R}^2$ möglich ist und löse die Aufgabe auf diese Weise.

c) Wie verändert sich die Lösung von b), wenn LP einen Alkoholgehalt von genau 10 % haben soll?

Aufgabe 42

Ein Bauunternehmer beabsichtigt, zwei Typen von Eigenheimen zu bauen. Er rechnet mit einer Bauzeit von 2 Jahren und damit, daß sich sofort Käufer für die fertiggestellten Eigenheime finden.

Folgende Daten wurden in Tausend DM ermittelt:

pro Eigenheim	Typ A	Typ B
Baukosten 1. Jahr	200	200
Baukosten 2. Jahr	120	200
Verkaufserlöse	330	420

Im 1. Jahr stehen DM 1.600.000, im 2. Jahr DM 1.200.000 zur Verfügung. Ziel ist die Ermittlung eines gewinnmaximalen Bauprogramms bestehend aus Typ A und/oder Typ B.

a) Man formuliere das zugehörige lineare Optimierungsproblem.

b) Mit Hilfe des Simplexverfahrens bestimme man alle optimalen Lösungen von a) und gebe das Gewinnmaximum an.

c) Wie ist das zur Verfügung stehende Kapital im 1. bzw. 2. Jahr minimal zu erhöhen, wenn die Nachfrage nach je 4 Eigenheimen vom Typ A und vom Typ B erfüllt werden soll?

d) Unter der Bedingung, daß für beide Bauabschnitte DM 2.800.000 zur Verfügung stehen, die beliebig auf die beiden Jahre aufgeteilt werden können, formuliere man ein gegenüber a) modifiziertes Optimierungsproblem und löse es geometrisch.

Aufgabe 43

Gegeben sei das lineare Optimierungsproblem

$$\mathbf{c}^T\mathbf{x} \to \min \qquad \text{mit} \quad \mathbf{A}\mathbf{x} \geqq \mathbf{b},\ \mathbf{x} \geqq 0,$$

$$\mathbf{c} = \begin{pmatrix} 1 \\ 1 \\ 2 \end{pmatrix}, \quad \mathbf{A} = \begin{pmatrix} 5 & 1 & 5 \\ 5 & 5 & 1 \\ 1 & 5 & 1 \\ 1 & 1 & 1 \end{pmatrix}, \quad \mathbf{b} = \begin{pmatrix} 6 \\ 10 \\ 6 \\ 4 \end{pmatrix}.$$

Man löse dieses Problem mit Hilfe des Simplexverfahrens.

Aufgabe 44

Gegeben sei die Matrix:

$$\mathbf{A} = \begin{pmatrix} 1 & 2 & 3 \\ 1 & c & 3 \\ 1 & 2 & c \end{pmatrix}$$

a) Für welche $c \in \mathbf{R}$ gilt $\operatorname{Rg} \mathbf{A} = 1$, $\operatorname{Rg} \mathbf{A} = 2$, $\operatorname{Rg} \mathbf{A} = 3$?

b) Für welche $c \in \mathbf{R}$ gilt $\det \mathbf{A} = 0$, $\det \mathbf{A} > 0$, $\det \mathbf{A} < 0$?

c) Im Fall $\operatorname{Rg} \mathbf{A} = 3$ löse man das Gleichungssystem $\mathbf{Ax} = \mathbf{b}$ mit $\mathbf{b}^T = (2, 1, 0)$ mit Hilfe der Cramerschen Regel in Abhängigkeit von c .

Aufgabe 45

Gegeben sei das folgende volkswirtschaftliche Modell für das Volkseinkommen:

$$\begin{aligned} Y &= C + I_o + G_o && \text{(Gütermarktgleichgewichtsbedingung)} \\ C &= \alpha + \beta(Y - T) && \text{(Konsumfunktion)} \\ T &= tY && \text{(Steuerfunktion)} \end{aligned}$$

mit $\alpha > 0$, $0 < \beta < 1$, $0 < t < 1$. Ferner entspreche Y dem Volkseinkommen, C den Konsumausgaben, I_o den autonomen Investitionen, G_o den autonomen Staatsausgaben und T dem Steueraufkommen.

a) Schreiben Sie das obige Gleichungssystem in der Matrixform $\mathbf{Ax} = \mathbf{b}$, wobei der Vektor $\mathbf{x}$ die endogenen Variablen des Modells, also Y, C und T , enthält.

b) Weisen Sie nach, daß die Determinante der Matrix $\mathbf{A}$ aus Teil a) verschieden von 0 ist.

c) Berechnen Sie die Lösungswerte für Y, C und T in Abhängigkeit von I_o, G_o, α, β und t über die Gleichung $\mathbf{x} = \mathbf{A}^{-1}\mathbf{b}$. Berechnen Sie dabei die Inverse zu $\mathbf{A}$ mit Hilfe der Kofaktoren.

Aufgabe 46

Ein Unternehmen produziert zwei Güter I, II, die in der Folgeperiode teilweise als Rohstoffe wieder verwendet werden, und zwar gemäß folgender Tabelle:

benötigte Einheiten von Gut	I	II
zur Herstellung einer Einheit von Gut I	0.3	0.4
zur Herstellung einer Einheit von Gut II	0.4	0.9

a) Für die Matrix $A = \begin{pmatrix} 0.3 & 0.4 \\ 0.4 & 0.9 \end{pmatrix}$ berechne man den größten Eigenwert und den dazugehörigen Eigenvektor.

b) Man interpretiere das Ergebnis von a) im Sinne obiger Aufgabenstellung.

c) Zu Beginn des Planungshorizontes sollen insgesamt 6000 Einheiten produziert werden. Wie ist dieses Gesamtproduktionsniveau auf beide Güter aufzuteilen, damit ein gleichförmiges Wachstum eintritt? Welche Produktionsquantitäten können bei gleichförmigem Wachstum für beide Güter in den folgenden zwei Perioden erreicht werden?

Aufgabe 47

Eine Unternehmung bietet in der Zeitperiode t zwei komplementäre Güter A und B an. Man schätzt, daß die Absatzquantitäten x_t und y_t der Güter A und B in der Periode t von dem Absatz x_{t-1} und y_{t-1} in der Period e $t-1$ folgendermaßen abhängen:

$$(*) \begin{cases} x_t = 0.9x_{t-1} + \sqrt{0.06}y_{t-1} , & t = 1, 2, \ldots \\ y_t = \sqrt{0.06}x_{t-1} + 0.8y_{t-1} , & t = 1, 2, \ldots \end{cases}$$

Die Unternehmung strebt für beide Güter ein gleichförmiges Wachstum von $p\%$ an, d.h. es gelte:

$$x_t = \left(1 + \tfrac{p}{100}\right)x_{t-1} = \lambda \cdot x_{t-1} , \quad t = 1, 2, \ldots$$

$$y_t = \left(1 + \tfrac{p}{100}\right)y_{t-1} = \lambda \cdot y_{t-1} , \quad t = 1, 2, \ldots$$

a) Bestimmen Sie p so, daß die mit $(*)$ gegebenen Abhängigkeiten erfüllt sind.

b) Interpretieren Sie die Ergebnisse von a) ökonomisch.

c) Wie ist für p $(p > 0)$ aus a) in der Periode 0 das Verhältnis $x_o : y_o$ der Absatzquantitäten zu wählen, damit sich bei Gültigkeit von $(*)$ das gewünschte gleichförmige Wachstum ergibt?

Aufgabe 48

Zur Matrix $\mathbf{A} = \begin{pmatrix} 4 & \sqrt{3} \\ \sqrt{3} & 2 \end{pmatrix}$ berechne man

a) die Eigenwerte,

b) die Eigenwerte von $\mathbf{A}^{-1}$.

c) Man diskutiere die Definitheitseigenschaften von $\mathbf{A}$ und $\mathbf{A}^{-1}$.

d) Man zeige, daß die Vektoren $\begin{pmatrix} \sqrt{3} \\ 1 \end{pmatrix}, \begin{pmatrix} 1 \\ -\sqrt{3} \end{pmatrix}$ Eigenvektoren von $\mathbf{A}$ und $\mathbf{A}^{-1}$ sind.

Aufgabe 49

Gegeben sind die Matrizen

$$\mathbf{A} = \begin{pmatrix} a & 0 & 0 \\ 0 & 1 & 0 \\ 0 & 0 & a \end{pmatrix}, \quad \mathbf{B} = \begin{pmatrix} 0 & 0 & a \\ 0 & 1 & 0 \\ a & 0 & 0 \end{pmatrix}.$$

a) Man berechne die Eigenwerte der Matrizen $\mathbf{A}, \mathbf{B}$ in Abhängigkeit von a .

b) Auf der Basis der Ergebnisse von a) diskutiere man die Definitheitseigenschaften von $\mathbf{A}, \mathbf{B}$.

Aufgabe 50

Für die Matrix $\mathbf{A} = \begin{pmatrix} c_1 & 2 & 2 \\ 2 & c_2 & 1 \\ 2 & 1 & c_3 \end{pmatrix}$ sei $\mathbf{x}^T = (1, 0, -2)$ ein Eigenvektor zum Eigenwert $\lambda_1 = 1$.

a) Was folgt hieraus für die Konstanten c_1, c_2, c_3 ?

b) Nennen Sie einen weiteren Eigenvektor zu λ_1 .

c) Kann man zusätzlich zu den Ergebnissen aus a) Bedingungen an die Konstanten angeben, so daß $\mathbf{A}$ außerdem positiv definit ist? Wenn ja, welche? Wenn nein, warum nicht?

d) Kann man für den Fall, daß $\mathbf{A}$ positiv definit ist, die Konstanten auch noch so bestimmen, daß $\lambda_2 = -3$ ein weiterer Eigenwert von $\mathbf{A}$ ist?

C. Aufgaben zur Analysis Lehrbuch — Kapitel 7 bis 11

Aufgabe 51

a) Für die Folgen (a_n), (b_n), (c_n), (d_n) mit $n \in \mathbb{N}$ und

$$a_n = \frac{e^n}{2^n}\ , \quad b_n = (-1)^n + \frac{1}{n}\ , \quad c_n = \frac{1}{n^2}\binom{n}{2}\ , \quad d_n = \sqrt{n^2+1} - n$$

prüfe man, welche der Folgen monoton wachsen bzw. fallen, welche der Folgen beschränkt und welche konvergent sind. Gegebenenfalls bestimme man die Grenzwerte bzw. die Häufungspunkte.

b) Man berechne die Grenzwerte der Folgen (p_n) und (q_n) mit

$$p_n = \frac{\binom{n}{3} \cdot \frac{1}{n}}{(-1)^n \cdot \sqrt{n^5}}\ , \qquad q_n = \frac{n! - 2^n}{n^5 - 3n!}.$$

Aufgabe 52

Gegeben seien die Folgen (a_n), (b_n), (c_n) mit $n \in \mathbb{N}$ und

$$a_n = \frac{a_{n-1}+1}{2}\ , \qquad b_n = b_{n-1} \cdot \frac{n}{n+1}\ , \qquad c_n = \frac{1}{2}c_{n-1}^2.$$

a) Man gebe die Folgen (a_n) und (b_n) mit $a_0 = b_0 = 2$ explizit als Funktion von $n \in \mathbb{N}_0$ an und berechne die Grenzwerte für $n \to \infty$.

b) Man zeige, daß (c_n) für $c_0 = 1$ konvergiert und für $c_0 = 3$ divergiert.

Aufgabe 53

a) Welche der Folgen $(a_n), (b_n), (c_n)$ mit $n \in \mathbb{N}_0$ und

$$a_n = \frac{n+1}{n^3 + e^{-n}}\ , \qquad b_n = \sum_{k=1}^{n} a_k\ , \qquad c_n = \sum_{k=1}^{n} b_k$$

sind beschränkt bzw. konvergent?

b) Man zeige, daß die Folge (d_n) mit $n \in \mathbb{N}$ und

$$d_n = \sum_{k=n}^{2n} \frac{1}{k} = \frac{1}{n} + \frac{1}{n+1} + \ldots + \frac{1}{2n}$$

konvergiert.

Aufgabe 54

Man überprüfe die folgenden Reihen (r_n), (s_n), (t_n), (u_n), mit

$$r_n = \sum_{k=1}^{n} 6 \cdot \frac{2^k}{3^{k-1}} \qquad s_n = \sum_{k=0}^{n} \frac{2^{k+1}-10}{5^k}$$

$$t_n = \sum_{k=1}^{n} \left(\frac{1}{k} - \frac{1}{2k+1}\right) \qquad u_n = \sum_{k=1}^{n} (-1)^{k+1} \frac{1}{2k}$$

auf ihre Konvergenz und ermittle gegebenenfalls ihre Grenzwerte.

Aufgabe 55

a) Man überprüfe die Konvergenz der Reihe (r_n) mit $r_n = \sum_{k=1}^{n} \left(\frac{k^2}{k!}\right)$.

b) Im Gründungsjahr 1981 produzierte eine Unterhaltungselektronikfirma 10000 Videorecorder. Wie viele Videorecorder werden insgesamt bis Ende 1990 hergestellt, wenn die Unternehmung ihre Stückzahl gegenüber dem Vorjahr jeweils
- um 2000 steigert ?
- um 20 % steigert ?

In welchem Jahr wird bei einer Wachstumsrate von 20 % erstmals eine Stückzahl pro Jahr von 40000 überschritten?

Aufgabe 56

a) Für welche $c \geqq 0$ ist die Reihe (r_n) mit

$$r_n = \sum_{k=1}^{n} \frac{ak}{(1+c)^k} \quad , \quad a > 0$$

konvergent?

b) Bei den DIN-Papier-Formaten ist das Verhältnis $\frac{\text{Seitenbreite}}{\text{Seitenlänge}}$ aller Formate jeweils $1 : \sqrt{2}$. Das Grundformat der DIN-B-Reihe beträgt 1000 mm × 1414 mm (Breite × Länge) und heißt DIN-B-0. Die Teilformate DIN-B-1, DIN-B-2,... ergeben sich durch fortgesetztes Falten des Grundformates.

Man gebe die Formate DIN-B-1, DIN-B-2, DIN-B-3 durch Breite × Länge an (in mm ohne Kommastellen).

Man zeige, daß die Seitenlängen eine geometrische Folge mit $q = \frac{1}{\sqrt{2}}$ bilden.

Man gebe das Format DIN-B-13 durch Breite × Länge an (in mm mit einer Kommastelle).

Aufgabe 57

Für den Absatz a_i eines Produktes in der Periode i $(i = 1, 2, \ldots)$ wird ein konstanter Wachstumsfaktor q angenommen, d.h., es gilt $q = \frac{a_{i+1}}{a_i}$ $(i = 1, 2, \ldots)$.

Der kumulierte Absatz in der Periode n ist durch $c_n = \sum_{i=1}^{n} a_i$ definiert.

a) Geben Sie den kumulierten Absatz in der Periode n in Abhängigkeit von q, n und a_1 an.

b) Bestimmen Sie den Wachstumsfaktor $p_n = \frac{c_n}{c_{n-1}}$ des kumulierten Absatzes in der Periode n in Abhängigkeit von q und n.

c) Zeigen Sie, daß für $q > 1$ die Gleichung $\lim_{n \to \infty} p_n = q$ erfüllt ist, d.h., der Wachstumsfaktor des kumulierten Absatzes strebt gegen den konstanten Wachstumsfaktor q.

d) Ausgehend von c_n sei die Periode x, in der sich der kumulierte Absatz verdoppelt, von Interesse. Berechnen Sie für $q = 1.1$ und $n = 10$ die entsprechende Periode x.

Aufgabe 58

Gegeben sind die reellen Funktionen f_1, f_2, f_3 von einer reellen Variablen mit

$$f_1(x) = \frac{1 - 8x}{1 - 4x^2}\,, \qquad f_2(x) = \sqrt{2 - x\sqrt{x - 1}}\,, \qquad f_3(x) = e^x \ln\left(\frac{1}{x}\right) \quad .$$

a) Für welche $x \in \mathbf{R}$ sind die Funktionen definiert, für welche $x \in \mathbf{R}$ sind sie stetig?

b) Man zeige ohne Differentialrechnung, daß die Funktionen f_1, f_3 weder globale Maximal- noch Minimalstellen besitzen.

c) Man zeige, daß f_2 für $x = 1$ maximal und für $x = 2$ minimal wird.

Aufgabe 59

Untersuchen Sie die folgenden Funktionen $f, g, h : \mathbf{R} \to \mathbf{R}$ auf Stetigkeit:

a) $$f(x) = \begin{cases} \dfrac{x-2}{|x-2|} & \text{für} \quad x \neq 2 \\ 0 & \text{für} \quad x = 2 \end{cases}$$

b) $$g(x) = \begin{cases} \sqrt{1-x^2} & \text{für} \quad -1 < x < 1 \\ 0 & \text{für} \quad x = \pm 1 \\ \sqrt{|x|-1} & \quad \text{sonst} \end{cases}$$

c) $$h(x) = |s(x)|, \quad \text{wobei} \quad s(x) := \begin{cases} 1 & \text{für} \quad x > 0 \\ 0 & \text{für} \quad x = 0 \\ -1 & \text{für} \quad x < 0 \end{cases}$$

Aufgabe 60

Gegeben ist die Funktion $f : \mathbf{R} \to \mathbf{R}$ mit

$$f(x) = \begin{cases} \frac{1}{3}x + c & \text{für} \quad x < 0 \\ \ln e^c & \text{für} \quad x = 0 \\ \frac{1}{a}x^2 + c & \text{für} \quad x > 0 \end{cases}$$

a) Bestimmen Sie a und c so, daß f für alle $x \in \mathbf{R}$ stetig ist.

b) Zeigen Sie, daß die Funktion f mit $a = 5$ und $c = \frac{1}{2}$ im Intervall $[2, 5]$ den Wert 3 mindestens einmal annimmt.

c) Man diskutiere Monotonie- und Konvexitätseigenschaften von f für $a = -1$, $c = 1$ ohne Verwendung der Differentialrechnung.

d) Man ermittle alle Extremalstellen und Extremalwerte für $a = -1, c = 1$.

Aufgabe 61

Für die gebrochen – rationale Funktion q mit

$$q(x) = \frac{x^5 + 5x^4 + 10x^3 + 16x^2 + 15x + 7}{(x+2)^2(x^2+x+1)}$$

führe man eine Partialbruchzerlegung gemäß Satz 8.30 durch.

Aufgabe 62

Gegeben sei die Funktion $f : \mathbf{R} \to \mathbf{R}$ mit $f(x) = x + e^x$.

a) Man zeige, daß f streng monoton wächst und stetig in $\mathbf{R}$ ist.

b) Man zeige, daß f genau eine Nullstelle besitzt.

c) Man bestimme diese Nullstelle mit Hilfe von Satz 8.63, wobei die maximale Abweichung 0.01 betragen darf.

Aufgabe 63

Gegeben sei die stetige Kostenfunktion $k : [0, 1000] \to \mathbf{R}_+$ mit $k(0) = 80$. Für die konstanten Grenzkosten gilt:

$x \in$	$\langle 0, 100]$	$\langle 100, 500]$	$\langle 500, 1000]$
Grenzkosten	2	5	1

a) Man gebe die Kostenfunktion für $x \in [0, 1000]$ sowie die Stückkostenfunktion für $x \in \langle 0, 1000]$ explizit an.

b) Man skizziere den Verlauf der in a) ermittelten Funktionen.

c) Mit Hilfe der Monotonieeigenschaften der Stückkostenfunktion ermittle man deren Minimalstellen und Minimalwert.

Aufgabe 64

In Abhängigkeit des Bruttojahreseinkommens x sei die folgende stetige Steuerschuldfunktion s mit

$$s(x) = \begin{cases} 0 & \text{für} \quad x \in [0, 5000] \\ 0.3(x - 5000) & \text{für} \quad x \in [5000, 100000] \end{cases}$$

gegeben. Für $x > 100000$ gelte ein Grenzsteuersatz von 50%.

a) Ergänzen Sie die Steuerschuldfunktion für $x \geqq 100000$.

b) Wie hoch muß das Bruttojahreseinkommen sein, um ein Nettojahreseinkommen von mindestens 68000 zu erreichen?

c) In dem betrachteten Land werde jedem Arbeitslosen eine Arbeitslosenunterstützung gewährt, die monatlich p% des letzten Monatslohns der Beschäftigungsperiode beträgt. Herr Fleißig ist permanent beschäftigt mit einem Brutto-Monatslohn von 4000. Herr Clever ist jeweils alternierend ein halbes Jahr beschäftigt mit einem Brutto-Monatslohn von 3500 und ein halbes Jahr arbeitslos. Bei welchem Prozentsatz kann in diesem Falle von einer sozialen Hängematte geredet werden, d.h., wann ist das Netto-Jahreseinkommen von Herrn Clever höher als das von Herrn Fleißig?

Aufgabe 65

Gegeben seien die Funktionen $g_1, g_2, f : \mathbf{R}_+ \to \mathbf{R}$ mit

$$g_1(x) = \cos(\frac{\pi}{6}x) \ , \qquad g_2(x) = \sin(\frac{\pi}{3}x + \pi) \ , \qquad f(x) = g_1(x) + g_2(x) \ .$$

a) Man zeige, daß g_1, g_2, f periodische Funktionen sind und bestimme die Perioden.

b) Man skizziere g_1, g_2 und bestimme damit $\max\{f(x) : x \in \mathbf{N}\}$ sowie $\min\{f(x) : x \in \mathbf{N}\}$.

Aufgabe 66

Gegeben sei die Funktion $f : \mathbf{R} \to \mathbf{R}$ mit

$$f(x) = \begin{cases} ae^{4x} & \text{für } x \geqq 0 \\ -\ln(-x+a)+b & \text{für } x < 0 \end{cases} \qquad (a > 0, b \in \mathbf{R}).$$

a) Man prüfe, ob die Funktion für $a = b = 1$ stetig ist.

b) Man bestimme a und b so, daß f für alle $x \in \mathbf{R}$ differenzierbar und stetig ist.

c) Für die in b) bestimmten Parameter a und b prüfe man Monotonie- und Konvexitätseigenschaften der Funktion f.

Aufgabe 67

Man zeige, daß die Funktion $f : \mathbf{R} \to \mathbf{R}$ mit

$$f(x) = \begin{cases} \dfrac{e^x - x - 1}{x^2} & \text{für } x \neq 0 \\ \dfrac{1}{2} & \text{für } x = 0 \end{cases}$$

für alle $x \in \mathbf{R}$ stetig und differenzierbar ist.

Aufgabe 68

Gegeben sind die Funktionen $f_1, f_2, g : \mathbf{R} \to \mathbf{R}$ mit:

$$\begin{aligned} f_1(x) &= 2x^3 - 6x \\ f_2(x) &= \frac{1}{3}x^3 - \frac{3}{2}x^2 + 2x + c \quad \text{mit} \quad c \in \mathbf{R} \text{ fest} \\ g(x) &= \begin{cases} f_1(x) & \text{für} \quad x \leqq 1 \\ f_2(x) & \text{für} \quad x > 1 \end{cases} \end{aligned}$$

a) Man bestimme alle lokalen und globalen Maximal- und Minimalstellen von f_1, f_2 sowie deren Funktionswerte.

b) Wie ist c zu wählen, daß g im Punkt $x = 1$ differenzierbar ist ?

c) Man ermittle unter Berücksichtigung der in b) berechneten Konstanten c die Werte $f_1(-2)$, $f_1(-1)$, $f_1(0)$, $f_1(1)$, $f_1(2)$ sowie $f_2(0)$, $f_2(1)$, $f_2(2)$, $f_2(3)$ und skizziere f_1 und f_2.

d) Mit Hilfe von a) und c) bestimme man alle lokalen Extremalstellen und -werte von g und untersuche die Monotonieeigenschaften von g.

Aufgabe 69

Mit den Variablen $x > 0$ für die Nachfrage und $p \in [0, 5]$ für den Preis eines Gutes gelte die Preis-Nachfrage-Beziehung

$$x = f(p) = 1000e^{-2(p-1)^2} \quad .$$

a) Man diskutiere die Monotonie, Konvexität und Konkavität von f.

b) Man bestimme alle Extremalstellen und Wendepunkte von f. Man skizziere die Funktion f.

c) Man berechne die Elastizität $\varepsilon_f(p)$. Für welche p ist die Nachfrage elastisch, für welche p unelastisch?

Aufgabe 70

a) Gegeben sind die Funktionen $f, g : \mathbf{R} \to \mathbf{R}$ mit

$$f(x) = 2e^{\frac{x}{2}} \quad , \quad g(x) = 2\sqrt{x} \quad .$$

Man berechne die Änderungsraten $\rho_f(x)$, $\rho_g(x)$, $\rho_{f/g}(x)$ sowie die Elastizitäten $\varepsilon_f(x)$, $\varepsilon_g(x)$, $\varepsilon_{f\cdot g}(x)$.

b) Gegeben sei eine für alle $x > 0$ differenzierbare Kostenfunktion c . Man beweise für ein festes $a > 0$, daß die Stückkostenfunktion s im Punkt $x = a$ minimal wird, wenn für die Kostenelastizität gilt:

$$\varepsilon_c(x) \quad \begin{cases} < 1 & \text{für} \quad x < a \\ = 1 & \text{für} \quad x = a \\ > 1 & \text{für} \quad x > a \end{cases}$$

Aufgabe 71

In einer Einproduktunternehmung mit dem Absatz x und dem Preis p gilt für die Preis-Absatz-Funktion f

$$x = f(p) = \begin{cases} 1300 - \frac{1}{3}p^2 - 10p & \text{für } p \in [0, 45] \\ 0 & \text{sonst} \end{cases}$$

und für die Kostenfunktion c

$$c(x) = 30x + \frac{2000}{3} \quad .$$

a) Man ermittle die Gewinnfunktion g in Abhängigkeit von p.

b) Wie ist p zu wählen, damit der Gewinn maximal wird ?
Man berechne den maximalen Gewinn.

c) Für $p \in [0, 45]$ diskutiere man die Monotonie, Konvexität und Konkavität der Funktion g.

Aufgabe 72

Gegeben sei eine Preis-Absatz-Funktion f mit

$$x = f(p) = \begin{cases} -2p + 20 & \text{für} \quad p \in [0, 10\rangle \\ 0 & \text{für} \quad p \geqq 10 \end{cases}$$

sowie die entsprechende Stückkostenfunktion c mit

$$c(x) = \begin{cases} -x + 12 & \text{für} \quad x \in [0, 10] \\ 2 & \text{für} \quad x > 10 \end{cases} \quad .$$

Die Variablen x, p für Absatz und Preis seien nicht negativ.

a) Man bestimme den Maximal- und den Minimalabsatz sowie die dazugehörigen Kosten.

b) Für welche Preise p ergibt sich ein Absatz $x \leqq 10$?

c) Man ermittle die Gewinnfunktion g in Abhängigkeit von $p \in [0, 10\rangle$.

d) Man maximiere den Gewinn und ermittle den gewinnmaximalen Preis unter der Bedingung $p \in [0, 10\rangle$.

Aufgabe 73

Nach dem Einkommensteuergesetz (§32a EStG, Fassung ab VZ 1986) ist für zu versteuernde Einkommen $x \in [80000, 130000]$ die tarifliche Einkommensteuer $f(x)$ durch

$$f(x) = g(z) = (70z + 4560)z + 27000$$

gegeben, wobei $z = \dfrac{x - 80000}{10000}$ ist (die Koeffizienten der Funktion wurden auf- bzw. abgerundet).

a) Berechnen Sie die Grenzsteuerfunktion $f'(x)$.

b) Bestimmen Sie über dem betrachteten Intervall $[80000, 130000]$ den niedrigsten und den höchsten Grenzsteuersatz sowie dasjenige Einkommen, bei dem $f'(x) = 0,5$ gilt, d.h. ein Grenzsteuersatz von 50% erreicht wird.

c) Berechnen Sie die Elastizität von $f(x)$ im Punkt $x = 100000$. Interpretieren Sie das Ergebnis ökonomisch.

Aufgabe 74

Gegeben sei die Funktion $f : \mathbf{R} \to \mathbf{R}$ mit

$$f(x) = \frac{x^4}{4} - \frac{2x^3}{3} + \frac{3x^2}{2} - 4x + 2$$

a) Man zeige, daß f genau eine lokale Minimalstelle besitzt, die im Intervall $[1, 2]$ liegt.

b) Mit Hilfe des Newton-Verfahrens berechne man einen Näherungswert der lokalen Minimalstelle von f, der vom wahren Wert um höchstens 0.1 abweichen soll.

Aufgabe 75

Man bestimme alle lokalen und globalen Extremalstellen sowie alle Wendepunkte der Funktion f mit

$$f(x) = \ln(1+x) - x + \frac{x^2}{2} - \frac{x^3}{3}$$

und untersuche f auf Monotonie, Konvexität, Konkavität.

Aufgabe 76

a) Für welche x konvergieren die Potenzreihen $(p_n(x))$, $(q_n(x))$ mit

$$p_n(x) = \sum_{k=0}^{n} \left(\frac{x+2}{5}\right)^k , \qquad q_n(x) = \sum_{k=1}^{n} \frac{(-1)^k}{k} (x^2-1)^k \ ?$$

b) Mit Hilfe einer geeigneten Taylorreihe berechne man den Wert ln 1.5 auf 2 Kommastellen genau.

Aufgabe 77

Gegeben sei die Produktionsfunktion f einer Einproduktunternehmung mit

$$f(x_1, x_2, x_3) = \sqrt{x_1^2 + 2x_2^2 + 3x_3^2 - x_1(x_2 + x_3)}.$$

a) Man zeige, daß f homogen vom Grad 1 ist und interpretiere diese Aussage.

b) Man ermittle die partiellen Grenzproduktivitäten der Faktoren sowie die Grenzrate der Substitution $\dfrac{\partial x_3}{\partial x_2}$ jeweils für $x_1 = x_2 = x_3 = 100$. Man interpretiere die erhaltenen Werte.

c) Man bestimme die partiellen Änderungsraten und Elastizitäten des Produktionsniveaus $f(x_1, x_2, x_3)$ bezüglich des ersten und dritten Faktors, jeweils für $x_1 = x_2 = x_3 = 100$.

Aufgabe 78

Die Absatzwirkung y einer Werbekampagne für ein Produkt hänge von den für zwei Medien eingesetzten Werbebudgets x_1, x_2 in folgender Weise ab:

$$y = f(x_1, x_2) = 10\sqrt{x_1} + 20\,ln\,(x_2+1) + 50, \qquad x_1, x_2 \geqq 0$$

a) Man berechne $f(100,100)$ sowie die partiellen Änderungsraten und Elastizitäten der Absatzwirkung bezüglich der beiden Werbebudgets für $(x_1, x_2) = (100, 100)$.

b) Man ermittle die Richtungsableitungen von f im Punkt $(x_1, x_2)=(100,100)$ in Richtung $(1,2)$ bzw. $(2,1)$ und zeige, daß die Richtung $(2,1)$ für die Absatzwirkung günstiger als die Richtung $(1,2)$ ist. Man interpretiere dieses Ergebnis.

c) Man ermittle die Menge aller Budgetvektoren $(x_1, x_2) > (0,0)$, für die die Grenzrate der Substitution von x_2 bzgl. x_1 gerade -1 ergibt, stelle diese Menge graphisch dar und interpretiere das Ergebnis.

d) Man berechne die Veränderung der Absatzwirkung

$$\Delta f\,(100,100) = f\,(100 + \Delta x_1\,, 100 + \Delta x_2) - f\,(100,100)$$

mit $\Delta x_1 = \Delta x_2 = 1$ näherungsweise mit Hilfe des totalen Differentials und vergleiche das Ergebnis mit dem exakten Wert.

Aufgabe 79

Gegeben sei die Funktion $f : \mathbf{R}^3 \to \mathbf{R}$ mit

$$f(x_1, x_2, x_3) = -4x_1^2 - 2x_2^2 - \frac{1}{2}x_3^2 + 4x_1x_2 + x_2x_3 + 100x_3.$$

a) Man ermittle alle lokalen und globalen Extremalstellen.

b) Für $x_2 = 0$ gebe man Bedingungen für x_1 und x_3 an, so daß die Funktion f monoton wächst.

Aufgabe 80

Man überprüfe die Funktion $f : \mathbf{R}^3 \to \mathbf{R}$ mit

$$f(x_1, x_2, x_3) = -3x_1^2 + \frac{1}{3}x_2^3 - \frac{1}{2}x_3^2 + 2x_1x_3 - 2x_1 + x_3 - e^{\pi}$$

auf Konvexität bzw. Konkavität und bestimme alle lokalen Maximal- und Minimalstellen.

Aufgabe 81

Zwei Produzenten A_1 und A_2 bieten je ein Gut an. Zwischen den Absatzvariablen x_1, x_2 und den Preisvariablen p_1, p_2 gelten die Beziehungen

$$x_1 = 100 - 2p_1 - p_2\,,\ x_2 = 120 - p_1 - 3p_2\,.$$

Die Kosten sind gegeben durch

$$c_1(x_1) = 120 + 2x_1\,,\ c_2(x_2) = 120 + 2x_2\,.$$

a) Man ermittle die Gewinnfunktionen g_1, g_2 beider Produzenten sowie die gemeinsame Gewinnfunktion $g = g_1 + g_2$, jeweils in Abhängigkeit von p_1, p_2.

b) Wie sind die Preise zu wählen, daß der gemeinsame Gewinn g maximal wird? Man gebe den maximalen Gewinn an.

c) Nach einem Streit setzt Produzent A_2 den Preis $p_2 = 16$. Wie hat dann A_1 den Preis p_1 zu wählen, damit g_1 maximal wird?

d) Ist es für die Käufer des von A_1 angebotenen Gutes von Vorteil, wenn der Konflikt zwischen A_1 und A_2 beigelegt wird?

Aufgabe 82

Gegeben sei die Zeitreihe für den Absatz eines Produktes:

Zeit t	1	2	3	4	5	6	7	8	9	10
Absatz $y(t)$	10	12	12	12	14	15	15	15	17	18

a) Man ermittle Werte a, b so, daß die lineare Beziehung $y(t) = a + b\,t$ zwischen der Zeit t und dem Absatz $y(t)$ die angegebene Wertetabelle im Sinne der KQ-Methode bestmöglich approximiert.

b) Man veranschauliche die Wertepaare der Tabelle sowie die berechnete Beziehung graphisch.

c) Man zeige, daß die Absatzänderungsrate monoton fällt und die Absatzelastizität monoton wächst.

d) Mit Hilfe von a) prognostiziere man den Absatz $y(11)$, $y(12)$.

Aufgabe 83

Gegeben sind die Funktionen $f, g : \mathbf{R}^2 \to \mathbf{R}$ mit

$$f(x_1, x_2) = x_1\, x_2\,, \qquad g(x_1, x_2) = x_1^2 + x_2 - 3\,.$$

a) Mit Hilfe der Methode der Lagrange-Multiplikatoren bestimme man ein lokales Maximum der Funktion f unter der Nebenbedingung $g(x_1, x_2) = 0$ und zeige, daß ein globales Maximum nicht existiert.

b) Wie verändert sich die Lösung von a), wenn zusätzlich die Bedingung $x_2 = x_1^2$ erfüllt sein soll?

Aufgabe 84

Eine Unternehmung stellt unter Verwendung von drei Chemikalien als Faktoren eine Schönheitscreme her. Für die Produktionsfunktion gilt die Beziehung

$$y = f(x_1, x_2, x_3) = x_1 x_2 x_3\,.$$

Dabei steht x_i ($i = 1, 2, 3$) für die Mengeneinheiten des Faktors i, y für die Produktquantität. Für die Faktorpreise gilt

$$(p_1, p_2, p_3) = (2, 2, 1)\,.$$

a) Man berechne die kostenminimale Faktorkombination für $y = 2000$.

b) Man ermittle die partiellen Änderungsraten und Elastizitäten der Faktoren für die in a) berechnete Faktorkombination.

Aufgabe 85

Für eine Dreiproduktunternehmung gelten folgende Beziehungen zwischen den Preisen p_1, p_2, p_3 und den Absatzquantitäten x_1, x_2, x_3

$$p_1 = f_1(x_1) = 100 - x_1,\; p_2 = f_2(x_2) = 200 - x_2,\; p_3 = f_3(x_3) = 300 - x_3\,.$$

Aus Kapazitätsgründen muß die wöchentliche Produktion der Gleichung $x_1 + 2x_2 + 3x_3 = 70$ genügen.

a) Man berechne mit Hilfe der Methode der Lagrange-Multiplikatoren die Kombination (x_1, x_2, x_3), die den wöchentlichen Umsatz $u(x_1, x_2, x_3)$ maximiert und gebe den maximalen Umsatz an.

b) Man interpretiere den in a) erhaltenen Lagrange-Multiplikator.

c) Wie verändert sich das Ergebnis von a) unter der zusätzlichen Bedingung $x_3 = x_2$? Man gebe ein ganzzahliges Ergebnis an.

Aufgabe 86

Es soll ein Glasbehälter mit quadratischer Grundfläche - mit Kantenlänge a - und dazu senkrechten Außenflächen konstanter Höhe b hergestellt werden (vgl. Skizze). Der Glasbehälter sei oben offen, und er fasse - gefüllt bis zum oberen Rand - einen halben Kubikmeter. Die Fläche des dabei insgesamt (d.h. für den Boden sowie die vier Außenflächen) verbrauchten Glases sei mit F bezeichnet. Das Glas sei hinreichend dünn, so daß zwischen Innen- und Außenfläche des Behälters nicht unterschieden werden muß.

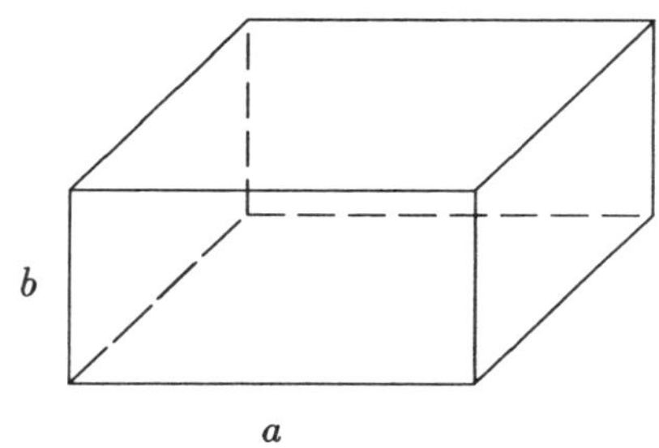

a) Bestimmen Sie mit Hilfe der Lagrange-Methode die Kantenlänge a^0 sowie die Höhe b^0 , durch die F minimiert wird.

b) Berechnen Sie den minimalen Wert F^0 für die Fläche.

c) Um wie viele Quadratzentimeter würde sich F^0 ungefähr erhöhen, wenn der Glasbehälter 0.51 Kubikmeter anstatt 0.5 fassen sollte?

Aufgabe 87

Gegeben sind die Funktionen $f_1, \ldots, f_6$ mit

$$f_1(x) = \frac{2x}{x^2+1} \quad , \quad f_2(x) = \frac{x^2+1}{2x} \quad , \quad f_3(x) = \frac{(x+1)^2}{2x}$$

$$f_4(x) = x\sqrt{x^2-100} \quad , \quad f_5(x) = 3x^2 + \frac{2}{x} + e^{-3x} + 5 \quad , \quad f_6(x) = \frac{1}{x \ln x} \quad .$$

a) Man berechne die unbestimmten Integrale $\int f_i(x)\,dx \quad (i = 1, \ldots, 6)$.

b) Man bestimme Integrationskonstanten c_1, c_2, c_3, c_4 , so daß für die Stammfunktionen $F_i(x) = \int f_i(x)\,dx \quad (i = 1, 2, 3, 4)$ gilt:

$$F_1(0) = F_2(1) = F_3(1) = F_4(10) = 1 \quad .$$

Aufgabe 88

Man berechne die bestimmten Integrale

$$\int_0^{\pi} x \cos x \, dx\,, \quad \int_0^{\pi} x^2 \sin x \, dx\,, \quad \int_0^{\sqrt{\pi}} x \sin(x^2) \, dx\,, \quad \int_0^{\pi} x(\sin x)^2 \, dx\,.$$

Aufgabe 89

a) Man berechne die absolute Fläche zwischen den Funktionswerten einer Funktion f mit $f(x) = x(\sqrt{x} - 1)$ und der x–Achse im Intervall $[0,4]$.

b) Man bestimme das Integral $\int_{-2}^{2} g(x)\, dx$ mit $g(x) = \mid x^2 - 1 \mid$.

c) Man skizziere die Funktion $f : [0,4] \to \mathbf{R}$ sowie $g : [-2,2] \to \mathbf{R}_+$.

Aufgabe 90

a) Gegeben ist die Funktion $f : \mathbf{R} \to \mathbf{R}$ mit

$$f(x) = \begin{cases} x^{-\frac{1}{2}} & \text{für} \quad x \in \langle 0,1 \rangle \\ \mid x \mid & \text{für} \quad x \in \langle -1,0] \\ x^{-\frac{3}{2}} & \text{für} \quad x \geqq 1 \\ 0 & \text{für} \quad x \leqq -1 \ . \end{cases}$$

Man veranschauliche graphisch, wo die Funktion f unstetig ist und berechne, falls möglich, das uneigentliche Integral $\int_{-\infty}^{\infty} f(x)\, dx$.

b) Zum Zeitpunkt $t = 0$ wird ein Werbespot im Fernsehen gesendet. Der Anteil der Fernsehzuschauer, der sich an den Werbespot erinnert, nimmt in Abhängigkeit der Zeit t stetig ab und genügt der Funktion

$$f : \mathbf{R}_+ \to \mathbf{R}_+ \quad \text{mit} \quad f(t) = ae^{-at}\,(a > 0)\,.$$

Man berechne $F(T) = \int_0^T f(t)\, dt$ und zeige, daß F monoton wächst und konkav ist. Man zeige, daß $F(T)$ für $T \to \infty$ gegen 1 konvergiert und interpretiere das Ergebnis.

Aufgabe 91

Die Nachfrage y eines Konsumenten nach einem Gut sei abhängig von der Zeit t und der räumlichen Entfernung r des Konsumenten von der Einkaufsstätte, also $y = f(t,r)$.

In einem kreisförmigen Einzugsbereich der anbietenden Unternehmung mit $r \in [0, R]$ sei die Bevölkerungsdichte a konstant. Dann registrieren wir im Abstand r vom Anbieter für einen kleinen Streifen der Breite Δr näherungsweise $2\pi r \cdot a \cdot \Delta r$ Konsumenten. Bezogen auf ein Zeitintervall der Länge Δt , erhalten wir näherungsweise die Gesamtnachfrage

$$2\pi r \cdot a \cdot f(t,r)\,\Delta t\,\Delta r = g(t,r)\,\Delta t\,\Delta r\,.$$

Für $\Delta t \to 0$, $\Delta r \to 0$ ist die Gesamtnachfrage bezogen auf ein Zeitintervall $[0,T]$ und den Einzugsbereich mit dem Radius R gleich einem Doppelintegral

$$G(T,R) = \int\limits_0^R \int\limits_0^T g(t,r)\,dt\,dr = \int\limits_0^R \int\limits_0^T 2\pi r \cdot a \cdot f(t,r)\,dt\,dr\,,$$

falls f stetig ist. Unterstellt man

$$f(t,r) = (1 - \sin 2t\pi)\,\frac{1}{r}\,,$$

so ist die Nachfrage umgekehrt proportional zur Entfernung r und sie variiert periodisch mit der Zeit zwischen 0 und 2 , wobei die Periodenlänge $p = 1$ beträgt (Definition 8.20, Satz 8.48 b).

Man berechne

a) die Gesamtnachfrage $G(T,r) = \int_0^T g(t,r)\,dt$ im Zeitraum $[0,T]$ bei festem r,

b) die Gesamtnachfrage $G(t,R) = \int_0^R g(t,r)\,dr$ im Einzugsbereich $[0,R]$ bei festem t ,

c) die Gesamtnachfrage $G(T,R)$.

d) Man löse a), b), c) für $a = 1$, $T = R = 10$.

D. Aufgaben zu Differenzen- und Differentialgleichungen Lehrbuch — Kapitel 12

Aufgabe 92

Bei der Einführung eines neuartigen Produktes sind für den Absatz y in den folgenden 36 Monaten steigende Absatzzahlen vorhergesagt. Die Wachstumsrate w wird in Abhängigkeit von $t \in [0,36]$ durch $w(t) = \frac{1}{48}\sqrt{t}$ geschätzt.

a) Man ermittle den Absatz $y(t)$ in Abhängigkeit von t, wenn der Absatz $y(36)$ um 191 Einheiten über dem Absatz $y(0)$ liegt.

b) Man berechne näherungsweise $y(0), y(12), y(24), y(36)$ sowie das prozentuale Wachstum für $t = 24$ und $t = 36$.

c) Man beantworte a), wenn die Wachstumsrate konstant ist mit $w(t) = 0.1$ und berechne $y(0), y(36)$.

Aufgabe 93

Zwischen den Grenzkosten $k_i'(x)$ und den Durchschnittskosten $\frac{k_i(x)}{x}$ $(i = 1,2)$ sei alternativ der Zusammenhang

$$I) \quad k_1'(x) = a\frac{k_1(x)}{x} \quad \text{mit} \quad 0 < a < \infty$$

$$II) \quad k_2'(x) = \frac{k_2(x) - b}{x} \quad \text{mit} \quad 0 < b < k_2(x)$$

angenommen.

a) Man berechne $k_1(x)$, $k_2(x)$ mit $k_1(1) = k_2(1) = 5$.

b) Man diskutiere für die Fälle $a = b = 1$, $a = b = \frac{1}{2}$, $a = b = 2$ und jeweils $x \geqq 1$, welcher Kostenverlauf für die Unternehmung günstiger erscheint.

Aufgabe 94

Für die jährliche Staatsverschuldung $s(t)$ in Abhängigkeit der Zeit $t > 0$ gelte die Beziehung

$$t^a s'(t) = b\, s(t) \quad \text{mit} \quad a \in \mathbf{R},\ b > 0\,.$$

a) Man gebe s als explizite Funktion von t an.

b) Mit $s(1) = 10$, $a = 0.5$, $b = 0.1$ bestimme man die Staatsverschuldung für $t = 25$. Bis zu welchem Zeitpunkt t verdoppelt sich die Staatsverschuldung gegenüber $s(1) = 10$?

Aufgabe 95

Anstatt einer logistischen Funktion (Beispiel 9.12 c, 12.6 b, 12.10 b) kann für den Verlauf des Absatzes eines Produktes in Abhängigkeit der Zeit $t \geqq 0$ auch eine sogenannte Gompertzfunktion

$$y'(t) = a\, y(t)\, b^t \qquad a > 0,\ b \in \langle 0,1 \rangle$$

angenommen werden. $y(t)$ beschreibt den bis zum Zeitpunkt t getätigten Absatz, a und b sind Modellkonstanten.

a) Man bestimme y als explizite Funktion von t .

b) Man zeige, daß die in a) erhaltene Integrationskonstante c mit dem Grenzwert $\lim_{t \to \infty} y(t)$ übereinstimmt.

c) Man berechne die Konstante a , falls die Werte $b = e^{-1}$, $c = 100$, $y(0) = 50$ bekannt sind und ermittle damit eine spezielle Lösung für $y(t)$.

Aufgabe 96

Gegeben seien zwei voneinander unabhängige Ausbreitungsprozesse y, z , die den Differenzengleichungen

$$\begin{aligned} y(t+1) &= t\, y(t) + 1 \\ z(t+1) &= c\, z(t) + 1 \qquad (c > 0) \end{aligned}$$

für $t = 0, 1, 2, \ldots$ genügen.

a) Für beide Fälle gebe man die Lösung in Abhängigkeit von $y(0)$ bzw. $z(0)$ an.

b) Man vergleiche die beiden mittleren Wachstumsraten für $t = t_0$ mit $y(t_0) = z(t_0)$ und $\Delta\, t_0 = 1$.

c) Man berechne für $c = 2$, $(y(0),\ z(0)) = (0,0)$ die Werte $(y(1),\ z(1))$, $(y(2),\ z(2))$, $(y(3),\ z(3))$, $(y(4),\ z(4))$ sowie $(y(t),\ z(t))$ für $t \to \infty$.

Aufgabe 97

Die Abnahme des Absatzes $y(t)$ eines Produktes in Abhängigkeit der Zeit $t \geqq 0$ ohne Werbeeinsatz sei proportional zum jeweiligen Absatzniveau. Wird für das Produkt geworben, so bewirkt dies eine Zunahme des Absatzes. Mit dem zeitabhängigen Werbeeinsatz $w(t)$ ergebe sich die Differentialgleichung

$$y'(t) = -a\,y(t) + w(t).$$

Man gebe die allgemeine Lösung für $y(0) = 100$, $a = 0.1$ an, wobei alternativ $w(t) = 0$, $w(t) = 6$, $w(t) = 6(\sin \pi t + 1)$ anzusetzen ist.

Aufgabe 98

Gegeben seien die Differenzen- bzw. Differentialgleichung

$$\begin{array}{lclcl} y(x+2) & + & 3y(x+1) & + & 2y(x) & = & 1 + 2^x\,, \\ y''(x) & + & 3y'(x) & + & 2y(x) & = & 1 + e^{2x}\,. \end{array}$$

a) Man löse allgemein jeweils die homogene und die inhomogene Gleichung.

b) Man ermittle eine spezielle Lösung der Differenzengleichung für $y(0) = \frac{1}{3}$, $y(1) = \frac{1}{4}$ und der Differentialgleichung für $y(0) = \frac{3}{4}$, $y'(0) = 0$.

Aufgabe 99

Gegeben sei die Differentialgleichung

$$2y'''(x) - 20y''(x) + 50y'(x) = 10.$$

Man forme diese Differentialgleichung in ein System von drei Differentialgleichungen erster Ordnung um und gebe die allgemeine Lösung dieses Systems an. Wie sieht die allgemeine Lösung der ursprünglichen Differentialgleichung aus?

Aufgabe 100

Gegeben sei das System von Differenzengleichungen erster Ordnung:

$$\begin{array}{lclcl} y_1(x+1) & = & & y_2(x) & + & x^2 \\ y_2(x+1) & = & -y_1(x) & & + & 2^x \end{array}$$

Man forme dieses System in eine Differenzengleichung zweiter Ordnung um und gebe die allgemeine Lösung dieser Gleichung an. Wie sieht die allgemeine Lösung des ursprünglichen Systems aus?

E. Lösungen zu den Aufgaben

Lösung zu Aufgabe 1

a) Gegeben:

Aussage	**A**	**B**	**C**	**D**
Wahrheitsgehalt	*w*	*f*	*f*	*w*

zu 1): $\mathbf{A} \wedge \mathbf{C}$ falsch, $\mathbf{B} \wedge \mathbf{D}$ falsch, $(\mathbf{A} \wedge \mathbf{C}) \vee (\mathbf{B} \wedge \mathbf{D})$ falsch,

$(\mathbf{A} \wedge \mathbf{C}) \vee (\mathbf{B} \wedge \mathbf{D}) \vee \mathbf{D}$ wahr (Definition 2.3)

zu 2): $\mathbf{A} \Rightarrow \mathbf{D}$ wahr, $\mathbf{A} \Rightarrow \mathbf{D} \Rightarrow \mathbf{C}$ falsch,

$\mathbf{A} \Rightarrow \mathbf{D} \Rightarrow \mathbf{C} \Rightarrow \mathbf{B}$ wahr (Definition 2.5)

zu 3): $(\overline{\mathbf{A}} \Longleftrightarrow \mathbf{A}), (\overline{\mathbf{B}} \Longleftrightarrow \mathbf{B})$ falsch,

$(\overline{\mathbf{A}} \Longleftrightarrow \mathbf{A}) \Longleftrightarrow (\overline{\mathbf{B}} \Longleftrightarrow \mathbf{B})$ wahr (Definition 2.1, 2.7)

zu 4): $(\mathbf{A} \Rightarrow \mathbf{B})$ falsch, $(\mathbf{A} \Rightarrow \overline{\mathbf{B}})$ wahr,

$(\mathbf{A} \Rightarrow \mathbf{B}) \Longleftrightarrow (\mathbf{A} \Rightarrow \overline{\mathbf{B}})$ falsch (Definition 2.1, 2.5, 2.7)

b) zu 1):

$\mathbf{A}$	*w*	*w*	*f*	*f*
$\mathbf{B}$	*w*	*f*	*w*	*f*
$\mathbf{A} \Rightarrow \mathbf{B}$	*w*	*f*	*w*	*w*
$\mathbf{A} \wedge (\mathbf{A} \Rightarrow \mathbf{B})$	*w*	*f*	*f*	*f*
$\mathbf{A} \wedge (\mathbf{A} \Rightarrow \mathbf{B}) \Rightarrow \mathbf{B}$	*w*	*w*	*w*	*w*

(Definition 2.3, 2.5)

Man erhält eine Tautologie: Wird aus einer richtigen Voraussetzung **A** ein richtiger Schluß ($\mathbf{A} \Rightarrow \mathbf{B}$) gezogen, so entsteht ein richtiges Ergebnis **B** (Prinzip des direkten Beweises).

zu 2):

$\mathbf{A}$	w	w	f	f
$\mathbf{B}$	w	f	w	f
$\overline{\mathbf{A}}$	f	f	w	w
$\overline{\mathbf{B}}$	f	w	f	w
$\overline{\mathbf{A}} \Rightarrow \overline{\mathbf{B}}$	w	w	f	w
$\mathbf{B} \wedge (\overline{\mathbf{A}} \Rightarrow \overline{\mathbf{B}})$	w	f	f	f
$\mathbf{B} \wedge (\overline{\mathbf{A}} \Rightarrow \overline{\mathbf{B}}) \Rightarrow \mathbf{A}$	w	w	w	w

(Definition 2.1, 2.3, 2.5)

Man erhält eine Tautologie: Zum Beweis der Aussage **A** wird angenommen, die negierte Aussage $\overline{\mathbf{A}}$ sei wahr. Ein wahrer Schluß $\overline{\mathbf{A}} \Rightarrow \overline{\mathbf{B}}$ würde ein richtiges Ergebnis $\overline{\mathbf{B}}$ bedingen. Es ist aber das Ergebnis **B** wahr. Damit ist die Annahme $\overline{\mathbf{A}}$ falsch und **A** ist richtig. (Prinzip des indirekten Beweises).

c) Die Aussage "entweder **A** oder **B**" ist genau dann wahr, wenn **A** wahr und **B** falsch ist, oder wenn **A** falsch und **B** wahr ist (exklusives "oder").

Man erhält

$$\mathbf{X} = (\mathbf{A} \wedge \overline{\mathbf{B}}) \vee (\overline{\mathbf{A}} \wedge \mathbf{B}) \iff (\mathbf{A} \vee \mathbf{B}) \wedge (\overline{\mathbf{A} \wedge \mathbf{B}})$$

wegen

$\mathbf{A}$	w	w	f	f
$\mathbf{B}$	w	f	w	f
$\overline{\mathbf{A}}$	f	f	w	w
$\overline{\mathbf{B}}$	f	w	f	w
$\mathbf{A} \wedge \overline{\mathbf{B}}$	f	w	f	f
$\overline{\mathbf{A}} \wedge \mathbf{B}$	f	f	w	f
$\mathbf{X}$	f	w	w	f

oder

$\mathbf{A}$	w	w	f	f
$\mathbf{B}$	w	f	w	f
$\mathbf{A} \vee \mathbf{B}$	w	w	w	f
$\mathbf{A} \wedge \mathbf{B}$	w	f	f	f
$\overline{\mathbf{A} \wedge \mathbf{B}}$	f	w	w	w
$\mathbf{X}$	f	w	w	f

(Definition 2.1, 2.3)

Lösung zu Aufgabe 2

a) Satz: $\bigvee_{x\in\mathbf{R}} (x^2+px+1=0) \iff p \notin \langle -2,2\rangle$

Beweis:
$$\bigvee_{x\in\mathbf{R}} (x^2+px+1=0) \iff p^2-4 \geqq 0 \quad \text{(Kapitel 1.3 (1.15))}$$
$$\iff p^2 \geqq 4$$
$$\iff p \geqq 2 \quad \text{oder} \quad p \leqq -2$$

b) $p = 1 \in \langle -2,2\rangle \;\Rightarrow\; \overline{\bigvee_{x\in\mathbf{R}} (x^2+px+1=0)}$ wahr nach a)

Für $p = 1$ existiert kein $x \in \mathbf{R}$ mit $x^2+px+1=0$.

Daraus folgt:

1) $\overline{\bigvee_{x} (x^2+x+1=0)}$ wahr

2) $\bigvee_{x} \overline{(x^2+x+1=0)}$ wahr

3) $\bigwedge_{x} \overline{(x^2+x+1=0)}$ wahr (nach 1) und Satz 2.17)

4) $\bigvee_{x} (x^2+x+1=0)$ falsch (nach 1) und Definition 2.1)

5) $\overline{\bigwedge_{x} (x^2+x+1=0)}$ wahr (nach 2) und Satz 2.17)

Lösung zu Aufgabe 3

a)
$$(a+1)^5 > (a+1)^4 \iff (a+1)^4(a+1) > (a+1)^4$$
$$\iff (a+1) > 1 \quad \text{wegen } (a+1)^4 > 0$$
$$\iff a > 0$$

b) Beweis von $\mathbf{A} \Rightarrow \mathbf{B}$:

Fall 1: $a \in [0,1\rangle$
$$\Rightarrow |a+1| \geqq |a-1|$$
$$\Rightarrow \frac{1}{|a+1|} \leqq \frac{1}{|a-1|}$$
$$\Rightarrow \frac{a}{|a+1|} \leqq \frac{a}{|a-1|} \quad (\text{da } a > 0)$$

Fall 2: $a \in \langle -1,0]$
$$\Rightarrow |a+1| \leqq |a-1|$$
$$\Rightarrow \frac{1}{|a+1|} \geqq \frac{1}{|a-1|}$$
$$\Rightarrow \frac{a}{|a+1|} \leqq \frac{a}{|a-1|} \quad (\text{da } a < 0)$$

Beweis von $\mathbf{B} \not\Rightarrow \mathbf{A}$:

Für $a = 2$ ist $\mathbf{B}$ erfüllt wegen $\frac{2}{3} \leqq 2$, nicht jedoch $\mathbf{A}$ wegen $2 \notin \langle -1,1\rangle$.

Lösung zu Aufgabe 4

Wir benutzen Satz 2.24.

$$\mathbf{A}_1(1): \quad \sum_{i=1}^{1} \frac{1}{i(i+1)} = \frac{1}{1 \cdot 2} = 1 - \frac{1}{2} \quad \text{wahr}$$

$\mathbf{A}_1(n) \Rightarrow \mathbf{A}_1(n+1)$:

$$\left(\sum_{i=1}^{n} \frac{1}{i(i+1)} = 1 - \frac{1}{n+1}\right) \Rightarrow \left(\sum_{i=1}^{n+1} \frac{1}{i(i+1)} = 1 - \frac{1}{n+2}\right)$$

Beweis:
$$\begin{aligned} \sum_{i=1}^{n+1} \frac{1}{i(i+1)} &= \sum_{i=1}^{n} \frac{1}{i(i+1)} + \frac{1}{(n+1)(n+2)} \\ &= 1 - \frac{1}{n+1} + \frac{1}{(n+1)(n+2)} \qquad (\text{wegen } \mathbf{A}_1(n)) \\ &= 1 - \frac{n+2-1}{(n+1)(n+2)} = 1 - \frac{1}{n+2} \end{aligned}$$

Also ist $\mathbf{A}_1(n)$ für alle $n \in \mathbb{N}$ wahr.

$$\mathbf{A}_2(1): \quad \prod_{i=1}^{1} i^i = 1 < 1^{(\frac{1 \cdot 2}{2})} = 1 \quad \text{falsch}$$

$$\mathbf{A}_2(2): \quad \prod_{i=1}^{2} i^i = 1 \cdot 4 < 2^{(\frac{2 \cdot 3}{2})} = 8 \quad \text{wahr}$$

$$\mathbf{A}_2(n) \Rightarrow \mathbf{A}_2(n+1): \left(\prod_{i=1}^{n} i^i < n^{(\frac{n(n+1)}{2})}\right) \Rightarrow \left(\prod_{i=1}^{n+1} i^i < (n+1)^{(\frac{(n+1)(n+2)}{2})}\right)$$

Beweis:
$$\begin{aligned} \prod_{i=1}^{n+1} i^i &= \prod_{i=1}^{n} i^i \cdot (n+1)^{(n+1)} \\ &< n^{(\frac{n(n+1)}{2})} \cdot (n+1)^{(n+1)} \qquad (\text{wegen } \mathbf{A}_2(n)) \\ &< (n+1)^{(\frac{n(n+1)}{2})} \cdot (n+1)^{(n+1)} \qquad (\text{wegen } n < n+1) \\ &= (n+1)^{(\frac{n(n+1)}{2}+n+1)} \\ &= (n+1)^{\frac{n^2+3n+2}{2}} = (n+1)^{(\frac{(n+1)(n+2)}{2})} \end{aligned}$$

Also ist $\mathbf{A}_2(n)$ für alle $n = 2, 3, 4, \ldots$ wahr.

Lösung zu Aufgabe 5

a) Zunächst stellen wir für $k \geqq n$ fest:
Eine n-elementige Menge M enthält genau $\binom{n}{n} = 1$ Teilmenge mit n Elementen, nämlich M. Sie enthält ferner keine Teilmenge mit mehr als n Elementen, es gilt $\binom{n}{k} = 0$ für $k > n$ (Definition 3.31 und Seite 109 oben).

Wir beschränken uns nun auf den Fall $k < n$.

$\mathbf{A}(k): \quad M = \{a_1, \ldots, a_n\}$ besitzt $\binom{n}{k}$ Teilmengen T mit $|T| = k$

$\mathbf{A}(0): \quad \emptyset \subset M, |\emptyset| = 0 \Rightarrow$

M besitzt $\binom{n}{0} = 1$ Teilmenge, nämlich $\emptyset$ mit $|\emptyset| = 0$.

$\mathbf{A}(k) \Rightarrow \mathbf{A}(k+1):$

Wenn $M = \{a_1, \ldots, a_n\}$ gerade $\binom{n}{k}$ Teilmengen T_k mit $|T_k| = k$ besitzt, so enthält M auch $\binom{n}{k+1}$ Teilmengen T_{k+1} mit $|T_{k+1}| = k+1$.

Beweis:

Jede Teilmenge der Form T_k kann auf $(n-k)$-fache Weise zu einer Teilmenge der Form T_{k+1} ergänzt werden, z.B.

$\{a_1, \ldots, a_k\} \rightarrow \{a_1, \ldots, a_k, a_{k+1}\}, \{a_1, \ldots, a_k, a_{k+2}\}, \ldots, \{a_1, \ldots, a_k, a_n\}$.

Wir erhalten $(n-k)\binom{n}{k}$ Teilmengen der Form T_{k+1}.

Damit erhalten wir jede Teilmenge der Form T_{k+1} gerade $(k+1)$–mal, beispielsweise

$$\begin{aligned}\{a_1, \ldots, a_{k+1}\} \text{ aus } & \{a_1, \ldots, a_k\} \cup \{a_{k+1}\}, \{a_1, \ldots, a_{k-1}, a_{k+1}\} \cup \{a_k\}, \\ & \{a_1, \ldots, a_{k-2}, a_k, a_{k+1}\} \cup \{a_{k-1}\}, \ldots \\ & \ldots, \{a_2, \ldots, a_{k+1}\} \cup \{a_1\}.\end{aligned}$$

Wir erhalten $\frac{n-k}{k+1}\binom{n}{k}$ Teilmengen der Form T_{k+1}. Die Behauptung ergibt sich mit

$$\frac{n-k}{k+1}\binom{n}{k} = \frac{n-k}{k+1}\,\frac{n!}{k!(n-k)!} = \frac{n!}{(k+1)!(n-k-1)!} = \binom{n}{k+1}.$$

(Definition 3.31)

b)
$$\begin{aligned}T_1 &= \{\{a,b,c\},\{a,b,d\},\{a,c,d\},\{b,c,d\}\} \\ T_2 &= \{\{a,b\},\{a,b,c\},\{a,b,d\},\{a,b,c,d\}\} \\ S_1 &= T_1 \cap T_2 = \{\{a,b,c\},\{a,b,d\}\} \\ S_2 &= T_1 \setminus T_2 = \{\{a,c,d\},\{b,c,d\}\} \\ S_3 &= T_2 \setminus T_1 = \{\{a,b\},\{a,b,c,d\}\}\end{aligned}$$

Zwischen S_1, S_2, S_3 existieren keine Teilmengenbeziehungen, wohl aber zwischen den Elementen von S_1, S_2, S_3:

$\{a,b\} \subset \{a,b,c\}, \{a,b,d\}, \{a,b,c,d\}$

$\{a,b,c\}, \{a,b,d\}, \{a,c,d\}, \{b,c,d\} \subset \{a,b,c,d\}$

Lösung zu Aufgabe 6

a) A = Menge der Teilnehmer am Abfahrtslauf
S = Menge der Teilnehmer am Slalom
RS = Menge der Teilnehmer am Riesenslalom

Gegeben ist:

$|A \cup S \cup RS| = 40$

$|A| = 15$

$|A \setminus S \setminus RS| = 8$

$|S| = 20, \qquad S \subset RS$

$|A \cap S \cap RS| = 2$

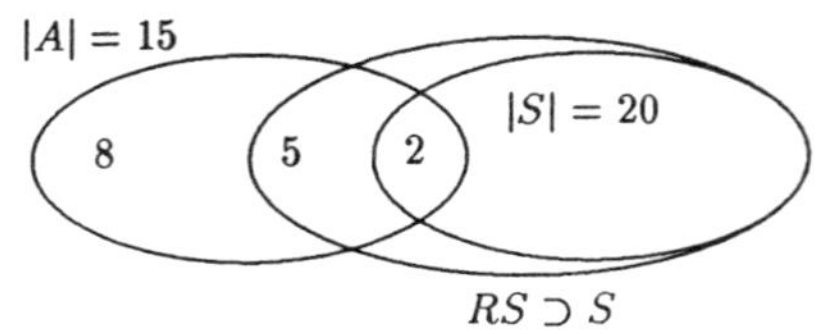

Daraus folgt:

$\|A \cap RS\|$	=	7	(Abfahrt und Riesenslalom)
$\|S \cap RS\|$	=	20	(Slalom und Riesenslalom)
$\|RS\|$	=	$40 - 8 = 32$	(Riesenslalom)
$\|RS \setminus A \setminus S\|$	=	$32 - 5 - 20 = 7$	(nur Riesenslalom)

b) $|A| = 15 \quad : \quad \frac{15!}{12!} =$ 2730 Möglichkeiten

$|S| = 20 \quad : \quad \frac{20!}{17!} =$ 6840 Möglichkeiten

$|RS| = 32 \quad : \quad \frac{32!}{29!} =$ 29760 Möglichkeiten

Kombinationen dritter Ordnung für $n = 15, 20, 32$ mit Reihenfolge, ohne Wiederholung (Satz 3.38)

c) B = Menge der Biertrinker mit $|B| = 31$
W = Menge der Weintrinker mit $|W| = 22$
N = Menge der Personen, die Bier und Wein ablehnen, mit $|N| = 6$

$|B \cup W \cup N| = 40$

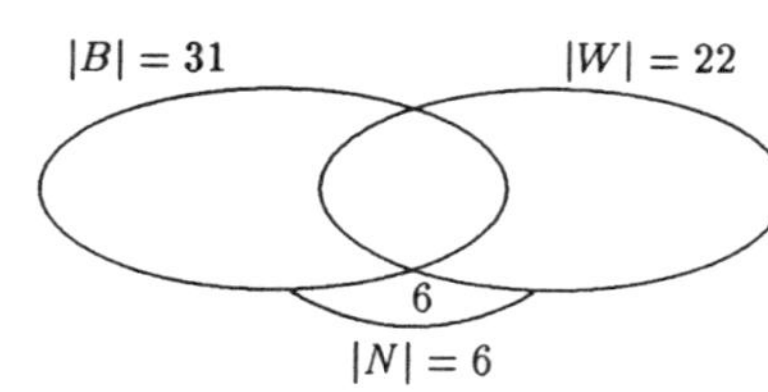

Daraus folgt:

$$|B \cup W| = 40 - 6 = 34$$

$$|B \cap W| = |B| + |W| - |B \cup W|$$

$$= 31 + 22 - 34 = 19 \qquad \text{(Bier- und Weintrinker)}$$

$$|B \setminus W| = |B| \setminus |B \cap W| = 31 - 19 = 12 \qquad \text{(nur Biertrinker)}$$

$$|W \setminus B| = |W| \setminus |B \cap W| = 22 - 19 = 3 \qquad \text{(nur Weintrinker)}$$

Lösung zu Aufgabe 7

a) Autokennzeichen

A	$\to$	1
Buchstabe 1	$\to$	26 Möglichkeiten + 1 Leerstelle
Buchstabe 2	$\to$	26 Möglichkeiten
Ziffer 1, 2, 3	$\to$	..1 bis 999 $\to$ 999 Möglichkeiten

$\Rightarrow\ 1 \cdot 27 \cdot 26 \cdot 999 = 701\,298$ Möglichkeiten insgesamt

b) 0 Extras : $1 = \binom{20}{0}$ Möglichkeit

1 Extra : $20 = \binom{20}{1}$ Möglichkeiten

...

k Extras $(k = 0, 1, \ldots, 20)$: $\binom{20}{k}$ Möglichkeiten (Satz 3.38)

$\Rightarrow\ \sum_{k=0}^{20} \binom{20}{k} = (1+1)^{20} = 2^{20}$ Möglichkeiten insgesamt (Satz 3.33)

c) je Teilpaket $\binom{5}{2} = 10$ Möglichkeiten (Satz 3.38)

$\Rightarrow\ \binom{5}{2}\binom{5}{2}\binom{5}{2} = 10 \cdot 10 \cdot 10 = 1000$ Möglichkeiten

d) Kombination fünfter Ordnung für $n = 3$ ohne Reihenfolge, mit Wiederholung: $\binom{3+5-1}{5} = 21$ Möglichkeiten (Satz 3.38)

Lösung zu Aufgabe 8

a) Kombination zweiter Ordnung $(k = 2)$ für $n = 10$ mit Reihenfolge, ohne Wiederholung: $\frac{10!}{8!} = 90$ Kombinationen (Satz 3.38)

b) Es existieren $8! = 40\,320$ verschiedene Anordnungsmöglichkeiten für 8 Spieler (Satz 3.28)

c) Kombination fünfter Ordnung $(k = 5)$ für $n = 8$ ohne Reihenfolge, ohne Wiederholung: $\binom{8}{5} = \frac{8!}{5!\,3!} = 56$ unterschiedliche Teams (Satz 3.38)

d) $n = 10$ Personen als Elemente, 2 Gruppen mit $n_1 = 8$ (rot) und $n_2 = 2$ (schwarz) nicht unterscheidbaren Elementen:
$\frac{10!}{8!\,2!} = 45$ unterschiedliche Anordnungen (Satz 3.29)

Lösung zu Aufgabe 9

a) $n = 20$ Gruppen, $n_1 = 5$ mobile Kapellen, $n_2 = 10$ Schützenvereine, $n_3 = 5$ historische Gruppen:
$\frac{20!}{5!\,10!\,5!} = 46\,558\,512$ unterschiedliche Anordnungen (Satz 3.29)

b) Kombination zweiter Ordnung ($k = 2$) für $n = 5$ ohne Reihenfolge, ohne Wiederholung: $\binom{5}{2} = 10$ Möglichkeiten (Satz 3.38)

c) Kombination dritter Ordnung ($k = 3$) für $n = 10$ ohne Reihenfolge, mit Wiederholung: $\binom{10+3-1}{3} = 220$ Möglichkeiten (Satz 3.38)

d) Es existieren $5! = 120$ Anordnungen (Satz 3.28)

e) Kombination dritter Ordnung ($k = 3$) für $n = 5$ mit Reihenfolge, ohne Wiederholung: $\frac{5!}{2!} = 60$ Kombinationen (Satz 3.38)

Lösung zu Aufgabe 10

a) Es existieren $5! = 120$ Anordnungen (Satz 3.28)

b) Kombination dritter Ordnung ($k = 3$) für $n = 5$ ohne Reihenfolge, ohne Wiederholung: $\binom{5}{3} = 10$ Möglichkeiten (Satz 3.38)

c) Kombinationen dritter Ordnung ($k = 3$) für $n = 5$ mit Reihenfolge, ohne Wiederholung: $\frac{5!}{2!} = 60$ Anordnungen (Satz 3.38)

d) Kombinationen fünfter Ordnung ($k = 5$) für $n = 5$ mit Reihenfolge, mit Wiederholung: $5^5 = 3125$ Anordungen (Satz 3.38)
Da nur 1000 Kinder vorhanden sind, können auch nur 1000 verschiedene Anordnungen auftreten.

e) Kombinationen dritter Ordnung ($k = 3$) für $n = 5$ ohne Reihenfolge, mit Wiederholung: $\binom{5+3-1}{3} = 35$ Kombinationen (Satz 3.38)

Lösung zu Aufgabe 11

a) Kombination zwölfter Ordnung ($k = 12$) für $n = 30$ ohne Reihenfolge, ohne Wiederholung: $\binom{30}{12} = 86\,493\,225$ Möglichkeiten (Satz 3.38)

b) 2 Kombinationen dritter Ordnung ($k = 3$) für $n = 9$ und 2 Kombinationen dritter Ordnung ($k = 3$) für $n = 6$, jeweils ohne Reihenfolge, ohne Wiederholung:

$$\binom{9}{3}\binom{9}{3}\binom{6}{3}\binom{6}{3} = 84 \cdot 84 \cdot 20 \cdot 20 = 2\,822\,400 \text{ Möglichkeiten}$$

(Satz 3.38)

c) Es existieren für jede Jahreszeit 3! Anordnungen, also insgesamt $3! \cdot 3! \cdot 3! \cdot 3! = 6^4 = 1296$ Anordnungen (Satz 3.28)

Lösung zu Aufgabe 12

a) Kombinationen fünfter Ordnung ($k = 5$) für $n = 8$ bei 1) bzw. Kombinationen mindestens fünfter Ordnung ($k = 5, 6, 7, 8$) für $n = 8$ bei 2) ohne Reihenfolge, ohne Wiederholung:

1) $\binom{8}{5} = 56$ Möglichkeiten

2) $\binom{8}{5} + \binom{8}{6} + \binom{8}{7} + \binom{8}{8} = 56 + 28 + 8 + 1 = 93$ Möglichkeiten

(Satz 3.38)

b) Es existieren:

1) $3! = 6$ Möglichkeiten

2) $3! \cdot 2 \cdot 2 \cdot 2 = 48$ Möglichkeiten

(Satz 3.28)

c) Kombinationen zehnter Ordnung ($k = 10$) für $n = 12$ mit Reihenfolge, ohne Wiederholung: $\frac{12!}{2!} = 239\,500\,800$ Möglichkeiten (Satz 3.38)

d) Kombination zweiter Ordnung ($k = 2$) für $n = 10$ mit Reihenfolge, ohne Wiederholung: $\frac{10!}{8!} = 90$ Möglichkeiten (Satz 3.38)

e) Zu bewerten sind 12 Paare

Lösung zu Aufgabe 13

a)
$$\begin{aligned} R^{-1} &= \{(b,a),(c,a),(a,b),(d,c)\} && \text{(Definition 3.47)}\\ S^{-1} &= \{(a,a),(c,b),(b,c),(d,d)\} = S && \text{(Definition 3.47)}\\ R^{-1}\circ S &= \{(a,b),(c,a),(b,a),(d,c)\} = R^{-1} && \text{(Definition 3.49)}\\ S^{-1}\circ R &= \{(a,c),(a,b),(b,a),(c,d)\} = R && \text{(Definition 3.49)} \end{aligned}$$

b)

$R^{-1} = R^{-1} \circ S$

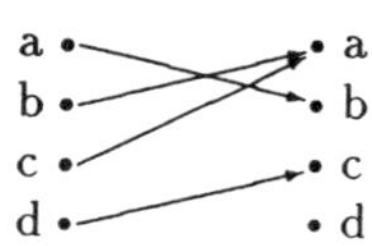

$S^{-1} = S$

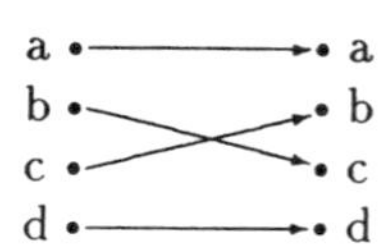

$S^{-1} \circ R = R$

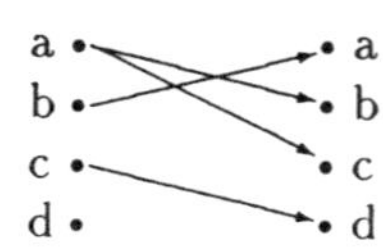

(Beispiel 3.46)

	a	b	c	d
a		×		
b	×			
c	×			
d			×	

	a	b	c	d
a	×			
b			×	
c		×		
d				×

	a	b	c	d
a		×	×	
b	×			
c				×
d				

(Beispiel 3.46)

c) $R^{-1} = R^{-1} \circ S$ erklärt eine Abbildung $f_1 : M \to M$ mit

$$f_1(b) = f_1(c) = a, \quad f_1(a) = b, \quad f_1(d) = c. \qquad \text{(Definition 3.53)}$$

$S^{-1} = S$ erklärt eine Abbildung $f_2 : M \to M$ mit

$$f_2(a) = a, \quad f_2(c) = b, \quad f_2(b) = c, \quad f_2(d) = d. \qquad \text{(Definition 3.53)}$$

$S^{-1} \circ R = R$ erklärt keine Abbildung, da das Urbild $a \in M$ zwei Bilder besitzt. (Definition 3.53)

d) Nach Definition 3.55 folgt:
f_1 ist nicht surjektiv, da $d \in M$ nicht als Bild auftritt
f_1 ist nicht injektiv, da das Bild $a \in M$ zwei Urbilder b, c besitzt
f_2 ist surjektiv und injektiv, also auch bijektiv

Lösung zu Aufgabe 14

a) Nach Definition 3.49, bzw. 3.47 gilt:

$$
\begin{aligned}
S_1 \circ S_2 &= \{(x_1, x_2) \in \mathbf{R}_+^2 : \text{ existiert } z \in \mathbf{R}_+ \text{ mit} \\
&\qquad z \leqq x_2 \leqq 2,\ x_1 + z = 2\} \\
&= \{(x_1, x_2) \in \mathbf{R}_+^2 : 2 - x_1 \leqq x_2 \leqq 2\} \\
&= \{(x_1, x_2) \in \mathbf{R}_+^2 : 2 \leqq x_1 + x_2,\ x_2 \leqq 2\} \\
S_2 \circ S_1 &= \{(x_1, x_2) \in \mathbf{R}_+^2 : \text{ existiert } z \in \mathbf{R}_+ \text{ mit} \\
&\qquad z + x_2 = 2,\ x_1 \leqq z \leqq 2\} \\
&= \{(x_1, x_2) \in \mathbf{R}_+^2 : x_1 \leqq 2 - x_2 \leqq 2\} \\
&= \{(x_1, x_2) \in \mathbf{R}_+^2 : x_1 + x_2 \leqq 2,\ x_1 \leqq 2\} \\
&= \{(x_1, x_2) \in \mathbf{R}_+^2 : x_1 + x_2 \leqq 2\} \\
S_3 \circ S_1 &= \{(x_1, x_2) \in \mathbf{R}_+^2 : \text{ existiert } z \in \mathbf{R}_+ \text{ mit} \\
&\qquad z > 2,\ x_1 \leqq z \leqq 2\} = \emptyset \\
(S_1 \circ S_2)^{-1} &= \{(x_1, x_2) \in \mathbf{R}_+^2 : 2 \leqq x_1 + x_2,\ x_1 \leqq 2\} \\
(S_2 \circ S_1)^{-1} &= \{(x_1, x_2) \in \mathbf{R}_+^2 : x_1 + x_2 \leqq 2\} = S_2 \circ S_1 \\
(S_3 \circ S_1)^{-1} &= S_3 \circ S_1 = \emptyset
\end{aligned}
$$

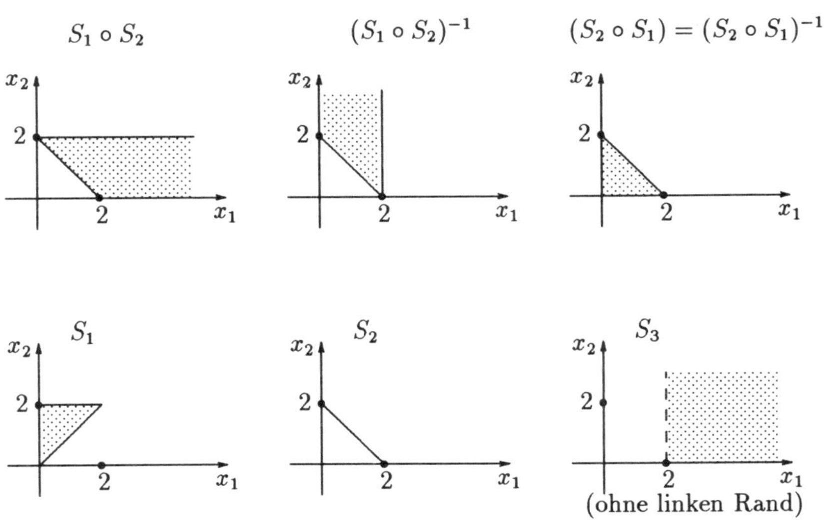

b)

$$\begin{aligned}
f_1(S_1) &= \{(x_1,x_2)\in \mathbf{R}^2_+ : x_1 = 0,\ x_2 \leqq 2\}\\
f_2(S_1) &= \{(x_1,x_2)\in \mathbf{R}^2_+ : x_2 \leqq x_1 \leqq 2x_2,\ x_2 \leqq 2\}\\
(f_2\circ f_1)(x_1,x_2) &= f_2(0,x_2) = (x_2,x_2)\\
(f_2\circ f_1)(S_1) &= \{(x_1,x_2)\in \mathbf{R}^2_+ : x_1 = x_2 \leqq 2\}\\
f_1(S_2) &= \{(x_1,x_2)\in \mathbf{R}^2_+ : x_1 = 0,\ x_2 \leqq 2\} = f_1(S_1)\\
f_2(S_2) &= \{(x_1,x_2)\in \mathbf{R}^2_+ : x_1 = 2,\ x_2 \leqq 2\}\\
(f_1\circ f_2)(x_1,x_2) &= f_1(x_1+x_2,x_2) = (0,x_2) = f_1(x_1,x_2)\\
(f_1\circ f_2)(S_2) &= f_1(S_1) = f_1(S_2)
\end{aligned}$$

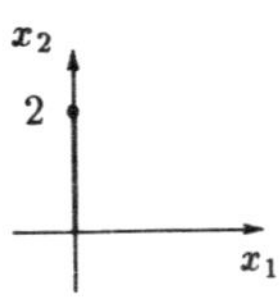

$f_1(S_1)$
$= f_1(S_2)$
$= (f_1\circ f_2)(S_2)$

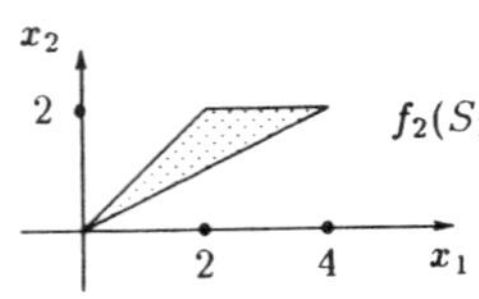

$f_2(S_1)$

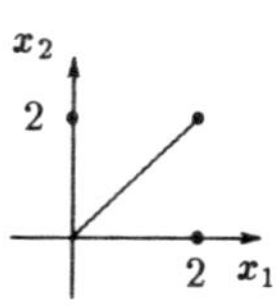

$(f_2\circ f_1)(S_1)$

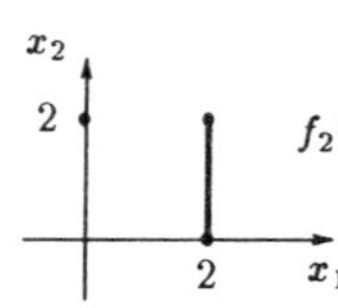

$f_2(S_2)$

Lösung zu Aufgabe 15

a) Aus Definition 3.55 folgt:

f_1 ist nicht surjektiv wegen $4 \notin f_1(A)$

f_2 ist nicht surjektiv wegen gelb, blau $\notin f_2(B)$

f_1 ist injektiv wegen $x,y\in A,\ x\neq y \Rightarrow f_1(x)\neq f_1(y)$

f_2 ist nicht injektiv wegen $f(1) = f(3) = f(4)$

Weder f_1 noch f_2 ist bijektiv

Es existiert weder f_1^{-1} noch f_2^{-1} (Definition 3.60)

$f_1\circ f_2$ existiert nicht wegen $f_2(B)\not\subset A$ (Definition 3.57)

$f_2\circ f_1$ existiert wegen $f_1(A) = \{1,2,3\}\subset B$ und es gilt

$(f_2\circ f_1)(a) = (f_2\circ f_1)(c)=$ grün, $(f_2\circ f_1)(b)=$ rot

b) $g_1 : y = 2^x \iff \ln y = x \ln 2 \iff x = \dfrac{\ln y}{\ln 2}$

$g_2 : y = \dfrac{1}{x^2+1} \iff x^2 + 1 = \dfrac{1}{y} \iff x^2 = \dfrac{1}{y} - 1$

Aus Definition 3.55 folgt:

g_1 ist surjektiv, da zu jedem $y > 0$ gilt $x = \dfrac{\ln y}{\ln 2} \in \mathbf{R}$

g_2 ist surjektiv, da zu jedem $y \in \langle 0, 1]$ gilt $x = \pm\sqrt{\dfrac{1}{y} - 1} \in \mathbf{R}$

g_1 ist injektiv wegen $x_1 \neq x_2 \Rightarrow y_1 = 2^{x_1} \neq 2^{x_2} = y_2$

g_2 ist nicht injektiv wegen $x_1 = 1 \neq x_2 = -1$,

aber $y_1 = \dfrac{1}{x_1^2+1} = \dfrac{1}{2} = \dfrac{1}{x_2^2+1} = y_2$, also ist nur g_1 bijektiv

Aus Definition 3.60 folgt:

$g_1^{-1}(x) = \dfrac{\ln x}{\ln 2}$, $\quad g_2^{-1}$ existiert nicht

Aus Definition 3.57 folgt:

$g_1 \circ g_2$ existiert wegen $g_2(\mathbf{R}) = \langle 0, 1] \subset \mathbf{R}$ mit

$(g_1 \circ g_2)(x) = g_1(\dfrac{1}{x^2+1}) = 2^{(\frac{1}{x^2+1})}$

$g_2 \circ g_1$ existiert wegen $g_1(\mathbf{R}) = \langle 0, \infty\rangle \subset \mathbf{R}$ mit

$(g_2 \circ g_1)(x) = g_2(2^x) = \dfrac{1}{2^{2x}+1}$

Lösung zu Aufgabe 16

a) Die Kaufneigung in % für $\{a,b\}, \{a,c\}, \{b,c\}, \{a,b,c\}$ entspricht der Kaufneigung in % für $a \vee b$, $a \vee c$, $b \vee c$, $a \vee b \vee c$.

Mit der Bezeichnung $\%(a \vee b)$, $\%(a \vee c)$, $\%(b \vee c)$, $\%(a \vee b \vee c)$ bzw. $\%(a)$, $\%(a \wedge b)$ etc. ergibt sich nach Satz 3.15 :

$$\begin{array}{llllllll} \%(a \wedge b) & = & \%(a) + \%(b) - \%(a \vee b) & = & 60 + 40 - 80 & = & 20 \\ \%(a \wedge c) & = & \%(a) + \%(c) - \%(a \vee c) & = & 60 + 30 - 80 & = & 10 \\ \%(b \wedge c) & = & \%(b) + \%(c) - \%(b \vee c) & = & 40 + 30 - 70 & = & 0 \end{array}$$

also auch $\%(a \wedge b \wedge c) = 0$

Daraus folgt:

$$\begin{aligned} \%(a \vee b \vee c) &= \%(a) + \%(b) + \%(c) - \%(a \wedge b) - \%(a \wedge c) \\ &\quad -\%(b \wedge c) + \%(a \wedge b \wedge c) \\ &= 60 + 40 + 30 - 20 - 10 - 0 + 0 = 100 \end{aligned}$$

b)

X	$\{a\}$	$\{b\}$	$\{c\}$	$\{a,b\}$	$\{a,c\}$	$\{b,c\}$	$\{a,b,c\}$
$f(X)$	60	40	30	40	40	35	$33\frac{1}{3}$

c) Unter Berücksichtigung von Definition 3.65 und 3.71 erhalten wir

Reflexivität: $f(X) \leqq f(X) \Rightarrow (X,X) \in P$

Transitivität: $(X,Y),(Y,Z) \in P \Rightarrow f(X) \leqq f(Y), f(Y) \leqq f(Z)$
$\Rightarrow f(X) \leqq f(Z) \Rightarrow (X,Z) \in P$

Vollständigkeit: $(X,Y) \notin P \Rightarrow f(X) \nleqq f(Y) \Rightarrow f(Y) \leqq f(X)$
$\Rightarrow (Y,X) \in P$

Also ist P vollständige Präordnung auf D.

Nach Definition 3.74 ist $\{a\}$ einziges größtes Element mit $f(\{a\}) = 60$.

Lösung zu Aufgabe 17

a) $(x_k, x_l) \in P_1$: Bewerber x_k ist mindestens so hoch einzustufen wie x_l in dem Sinn, daß seine Notensumme bzgl. aller Gutachter kleiner oder gleich der von x_l ist.

$(x_k, x_l) \in P_2$: Bewerber x_k ist mindestens so hoch einzustufen wie x_l in dem Sinn, daß seine Minimalnote bzgl. aller Gutachter kleiner oder gleich der von x_l ist.

b) Werte bzgl. P_1, P_2 :

Bewerber	x_1	x_2	x_3	x_4	x_5
Notensumme	7	8	6	9	10
Minimalnote	2	1	2	2	3

$$\begin{aligned}
P_1 = \{ & (x_3,x_3),(x_3,x_1),(x_3,x_2),(x_3,x_4),(x_3,x_5),\\
& (x_1,x_1),(x_1,x_2),(x_1,x_4),(x_1,x_5),(x_2,x_2),(x_2,x_4),(x_2,x_5),\\
& (x_4,x_4),(x_4,x_5),(x_5,x_5) \ \}\\
P_2 = \{ & (x_2,x_2),(x_2,x_1),(x_2,x_3),(x_2,x_4),(x_2,x_5),\\
& (x_1,x_1),(x_1,x_3),(x_1,x_4),(x_1,x_5),\\
& (x_3,x_3),(x_3,x_1),(x_3,x_4),(x_3,x_5),\\
& (x_4,x_4),(x_4,x_1),(x_4,x_3),(x_4,x_5),(x_5,x_5) \ \}
\end{aligned}$$

c) Nach Definition 3.65, 3.71 ist $P_i \quad (i = 1,2)$

reflexiv wegen $(x_k, x_k) \in P_i$
transitiv wegen $(x_k, x_l),(x_l, x_h) \in P_i \Rightarrow (x_k, x_h) \in P_i$
vollständig wegen $(x_k, x_l) \notin P_i \Rightarrow (x_l, x_k) \in P_i$.

Antisymmetrisch ist lediglich die Relation P_1, da die Bewertungen paarweise verschieden sind. Damit ist nur P_1 vollständige Ordnung.
P_2 ist vollständige Präordnung.

Lösung zu Aufgabe 18

a)

P_1	a	b	c
a	×	×	×
b	×	×	×
c			×

P_2	a	b	c
a	×	×	
b		×	
c	×	×	×

P_3	a	b	c
a	×	×	×
b		×	
c		×	×

P_M	a	b	c
a	×	×	×
b		×	
c		×	×

(Seite 150 unten, Beispiel 3.77)

$P_{M'}$:

Alternative	a	b	c
Voten	0	2	1

$\Rightarrow$

$P_{M'}$	a	b	c
a	×	×	×
b		×	
c		×	×

(Seite 151 unten, Beispiel 3.78)

P_R :

$$\sum_{i=1}^{3} |\{x : (x,a) \in P_i\}| = 5$$
$$\sum_{i=1}^{3} |\{x : (x,b) \in P_i\}| = 8$$
$$\sum_{i=1}^{3} |\{x : (x,c) \in P_i\}| = 6$$

$\Rightarrow$

P_R	a	b	c
a	×	×	×
b		×	
c		×	×

(Seite 153 oben, Beispiel 3.79)

Wir erhalten für $P_M, P_{M'}, P_R$ identische Relationstabellen und damit identische Relationen.

Die Entscheidung entspricht jeweils dem größten Element (Definition 3.74), sie fällt daher einheitlich zugunsten von Typ b aus.

b) Wegen $P_3 = P_M = P_{M'} = P_R$ entspricht die Präferenz von Person 3 genau allen drei Entscheidungsregeln.

Lösung zu Aufgabe 19

a) $\mathtt{A} = \begin{pmatrix} 2 & 3 & 0 \\ 2 & 1 & 1 \\ 0 & 4 & 1 \end{pmatrix}$, $\mathtt{B} = \begin{pmatrix} 3 & 0 \\ 2 & 2 \\ 2 & 1 \end{pmatrix}$, $\mathtt{AB} = \begin{pmatrix} 12 & 6 \\ 10 & 3 \\ 10 & 9 \end{pmatrix} = (d_{ij})_{3,2}$ mit

d_{ij} = Anzahl der Einheiten von R_i zur Herstellung einer Einheit von E_j

(Definition 4.22)

b) Zwischenproduktvektor: $\begin{pmatrix} z_1 \\ z_2 \\ z_3 \end{pmatrix} = \begin{pmatrix} 3 & 0 \\ 2 & 2 \\ 2 & 1 \end{pmatrix} \begin{pmatrix} 100 \\ 100 \end{pmatrix} = \begin{pmatrix} 300 \\ 400 \\ 300 \end{pmatrix}$

Rohstoffvektor: $\begin{pmatrix} r_1 \\ r_2 \\ r_3 \end{pmatrix} = \begin{pmatrix} 2 & 3 & 0 \\ 2 & 1 & 1 \\ 0 & 4 & 1 \end{pmatrix} \begin{pmatrix} 300 \\ 400 \\ 300 \end{pmatrix} = \begin{pmatrix} 1800 \\ 1300 \\ 1900 \end{pmatrix}$

$$= \begin{pmatrix} 12 & 6 \\ 10 & 3 \\ 10 & 9 \end{pmatrix} \begin{pmatrix} 100 \\ 100 \end{pmatrix} = \begin{pmatrix} 1800 \\ 1300 \\ 1900 \end{pmatrix}$$

(Definition 4.22)

c) Rohstoffkosten : $(1,2,1) \begin{pmatrix} 1800 \\ 1300 \\ 1900 \end{pmatrix} = 6300$

Zwischenproduktkosten : $6300 + (4,2,3) \begin{pmatrix} 300 \\ 400 \\ 300 \end{pmatrix} = 9200$

Endproduktkosten : $9200 + (2,4) \begin{pmatrix} 100 \\ 100 \end{pmatrix} = 9800$

(Definition 4.14, 4.22)

Lösung zu Aufgabe 20

a) $$\mathbf{SC} = \begin{pmatrix} c_{11}+c_{21} & c_{12}+c_{22} & c_{13}+c_{23} & c_{14}+c_{24} & c_{15}+c_{25} \\ c_{31} & c_{32} & c_{33} & c_{34} & c_{35} \\ c_{41} & c_{42} & c_{43} & c_{44} & c_{45} \\ c_{51} & c_{52} & c_{53} & c_{54} & c_{55} \end{pmatrix}$$

$$\mathbf{SCS}^T = \begin{pmatrix} c_{11}+c_{21}+c_{12}+c_{22} & c_{13}+c_{23} & c_{14}+c_{24} & c_{15}+c_{25} \\ c_{31}+c_{32} & c_{33} & c_{34} & c_{35} \\ c_{41}+c_{42} & c_{43} & c_{44} & c_{45} \\ c_{51}+c_{52} & c_{53} & c_{54} & c_{55} \end{pmatrix}$$

(Definition 4.22)

$\mathbf{SC}$ charakterisiert Lieferverflechtungen mit 4 Liefersektoren $1 \wedge 2, 3, 4, 5$, wobei die Sektoren $1, 2$ zu einem Sektor zusammengefaßt wurden, und den ursprünglichen 5 Empfangssektoren.

$\mathbf{SCS}^T$ charakterisiert Lieferverflechtungen mit 4 Liefer- und 4 Empfangssektoren, wobei die Sektoren $1, 2$ jeweils zusammengefaßt wurden.

b) Zusammenfassung von $1, 2, 3$: $$\mathbf{S} = \begin{pmatrix} 1 & 1 & 1 & 0 & 0 \\ 0 & 0 & 0 & 1 & 0 \\ 0 & 0 & 0 & 0 & 1 \end{pmatrix}$$

Zusammenfassung von $3, 5$: $$\mathbf{S} = \begin{pmatrix} 1 & 0 & 0 & 0 & 0 \\ 0 & 1 & 0 & 0 & 0 \\ 0 & 0 & 1 & 0 & 1 \\ 0 & 0 & 0 & 1 & 0 \end{pmatrix}$$

Lösung zu Aufgabe 21

a)

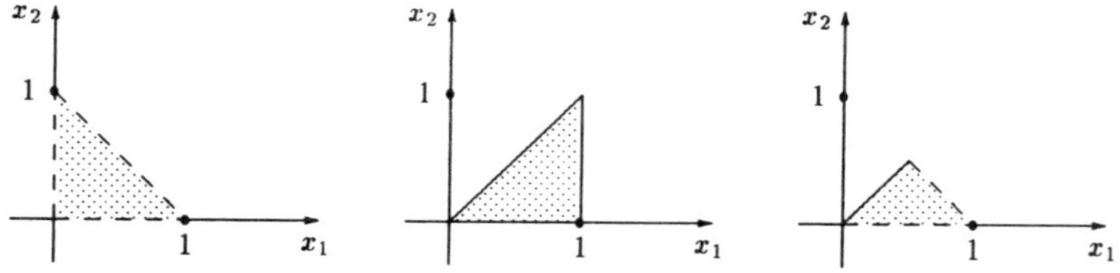

M_1: ohne Rand $\quad$ M_2: mit Rand $\quad$ $M_3 = M_1 \cap M_2$

(Definition 3.13, 4.35, 4.38)

b)

Menge	M_1	M_2	M_3
offenes konvexes Polyeder	ja	nein	nein
abgeschlossenes konvexes Polyeder	nein	ja	nein

(Definition 4.46)

c) Mit Definition 3.65 ergibt sich:

$(3,3) \notin M_1, \notin M_2 \quad \Rightarrow \quad M_1, M_2$ nicht reflexiv

$(x_1, x_2) \in M_1 \;\Rightarrow\; x_1, x_2 \in \langle 0,1],\; x_1 + x_2 < 1 \;\Rightarrow\; (x_2, x_1) \in M_1$

$\Rightarrow \quad M_1$ symmetrisch

$(x_1, x_2) = (1,0) \in M_2$, aber $(x_2, x_1) = (0,1) \notin M_2$ wegen $0 < 1$

$\Rightarrow \quad M_2$ nicht symmetrisch

$\left(\frac{1}{3}, \frac{1}{2}\right), \left(\frac{1}{2}, \frac{1}{3}\right) \in M_1$, aber $\frac{1}{2} \neq \frac{1}{3} \quad \Rightarrow \quad M_1$ nicht antisymmetrisch

$$(x_1, x_2), (x_2, x_1) \in M_2 \;\Rightarrow\; x_1, x_2 \in [0,1],\; x_1 \geqq x_2,\; x_2 \geqq x_1$$
$$\Rightarrow\; x_1, x_2 \in [0,1],\; x_1 = x_2$$

$\Rightarrow \quad M_2$ antisymmetrisch

$(2,3) \notin M_1, M_2$ und $(3,2) \notin M_1, M_2 \quad \Rightarrow \quad M_1, M_2$ nicht vollständig

d) $f(M_3) = f(\{\mathbf{x} \in \mathbb{R}^2 : x_1, x_2 \in \langle 0,1],\; x_1 \geqq x_2,\; x_1 + x_2 < 1\}) = \langle 0, 1\rangle$

(Definition 3.53)

Lösung zu Aufgabe 22

a)

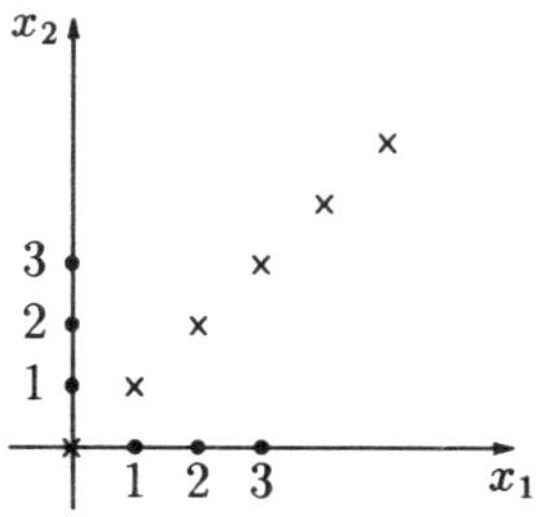

M_1 als Menge einzelner Punkte

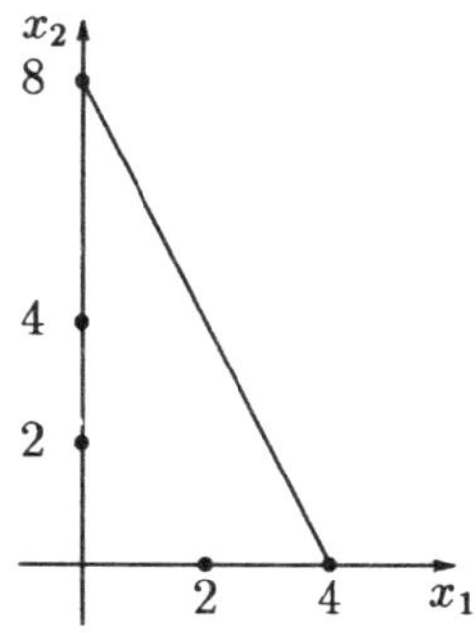

M_2 als Strecke ohne Eckpunkte

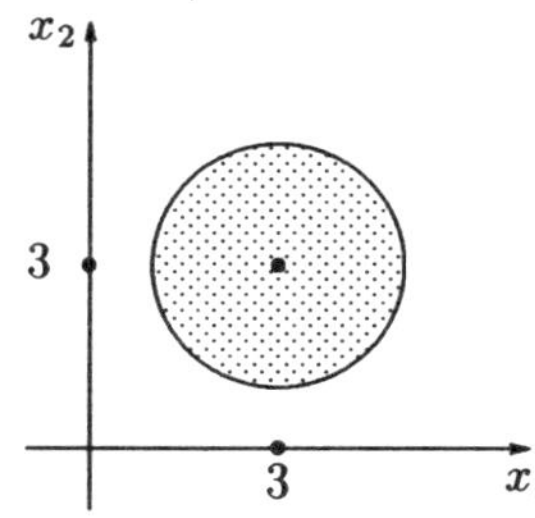

M_3 als Kreisfläche mit Rand, Mittelpunkt $\binom{3}{3}$ und Radius 2

(Definition 4.35)

Menge		M_1	M_2	M_3
abgeschlossen	(Definition 4.38)	ja	nein	ja
beschränkt	(Definition 4.41)	nein	ja	ja
konvex	(Definition 4.48)	nein	ja	ja

b) $M_1 \cap M_2 = \emptyset,\ M_1 \cap M_3 = \left\{ \begin{pmatrix} 2 \\ 2 \end{pmatrix}, \begin{pmatrix} 3 \\ 3 \end{pmatrix}, \begin{pmatrix} 4 \\ 4 \end{pmatrix} \right\}$ (Definition 3.13)

c) $\mathbf{y} \in M_1$, mit $\mathbf{y} \neq \mathbf{0}$ gegeben

$$\begin{aligned} \Rightarrow \quad & \{\mathbf{x} \in M_1 : (\mathbf{x}, \mathbf{y}) \in R\} \\ = \quad & \{\mathbf{x} \in M_1 : \|\mathbf{x} - \mathbf{y}\| \leqq 2\} \\ = \quad & \{\mathbf{y},\ \mathbf{y} + \begin{pmatrix} 1 \\ 1 \end{pmatrix},\ \mathbf{y} - \begin{pmatrix} 1 \\ 1 \end{pmatrix}\} \end{aligned}$$

(Definition 3.45)

Lösung zu Aufgabe 23

a)

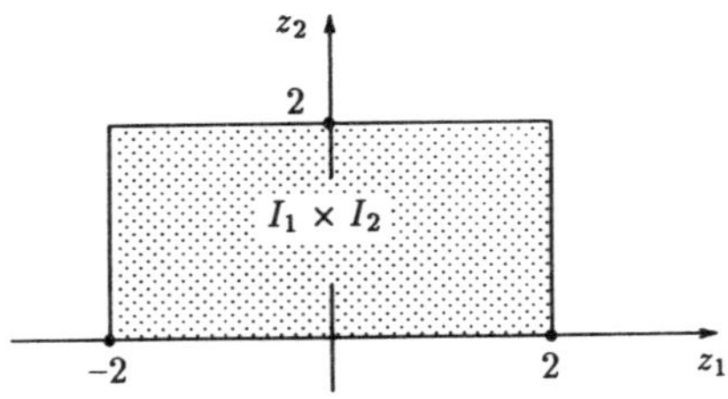

Eckpunkte: (−2,0), (2,0), (2,2), (−2,2)

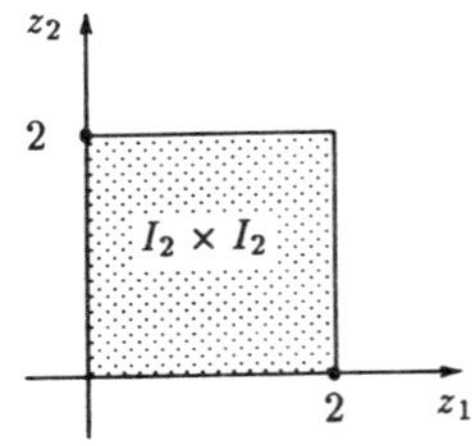

Eckpunkte: (0,0), (2,0), (2,2), (0,2)

(Definition 3.41, 4.51)

b)

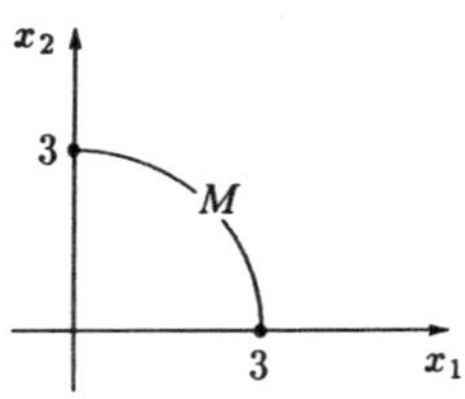

M als Kreisbogen ohne $\binom{3}{0}$ $\binom{0}{3}$

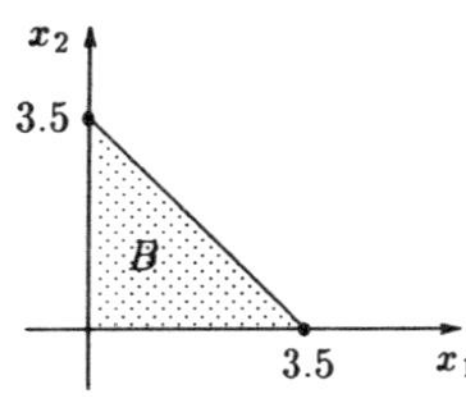

B als Dreieck mit Rand

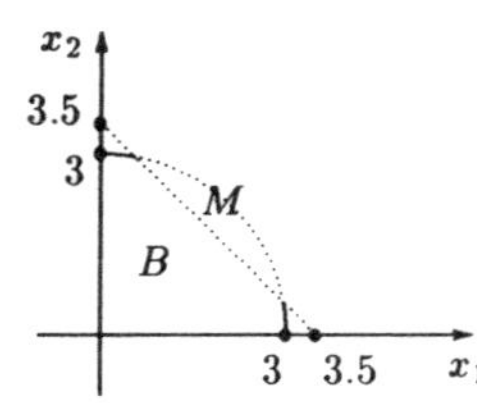

$M \cap B$ entspricht den Kreisbogenstücken innerhalb des Dreiecks B ohne $\binom{3}{0}$ $\binom{0}{3}$

(Definition 3.13, 4.35)

Nach Definition 4.41, 4.48 gilt:
M ist beschränkt, nicht konvex
B ist beschränkt und konvex
$M \cap B$ ist beschränkt, nicht konvex

$M \cap B =$ Menge aller Quantitäten x_1, x_2 der zwei zu mischenden Flüssigkeiten, die der "Produktionsgleichung" genügen und im Rahmen des Einkaufsbudgets liegen

Lösung zu Aufgabe 24

a)

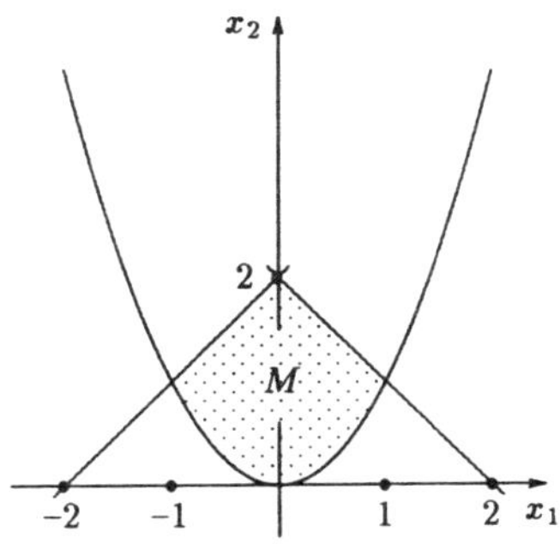

M mit Rand

M ist konvex und kompakt (Definition 4.41, 4.48)

Eckpunkte : $E \cup \left\{ \binom{0}{2} \right\}$ mit

$E = \{\mathbf{x} \in \mathbf{R}^2 : -x_1^2 + x_2 = 0,\ x_1 \in [-1, 1]\}$ (Definition 4.51)

b)

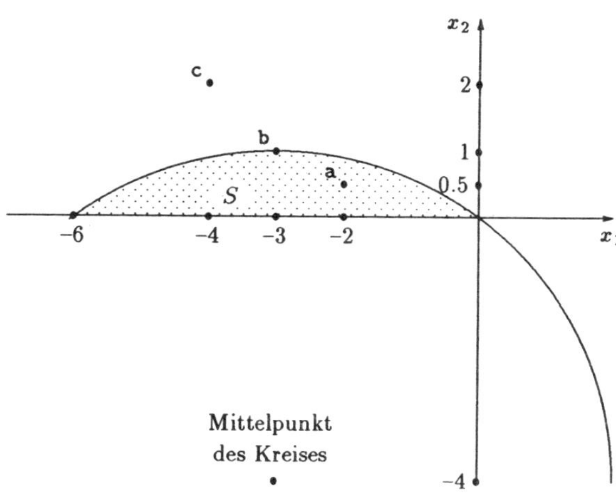

$\mathsf{a} = \begin{pmatrix} -2 \\ 0.5 \end{pmatrix}$ innerer Punkt von S (zulässig)

$\mathsf{b} = \begin{pmatrix} -3 \\ 1 \end{pmatrix}$ Randpunkt von S (zulässig)

$\mathsf{c} = \begin{pmatrix} -4 \\ 2 \end{pmatrix}$ äußerer Punkt von S (nicht zulässig)

(Definition 4.35, 4.37)

Lösung zu Aufgabe 25

a)

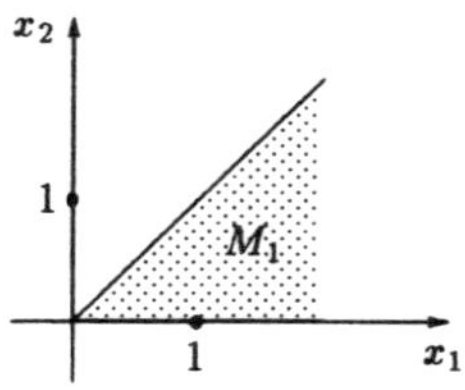

M_1 als rechts geöffneter Winkel mit Rand

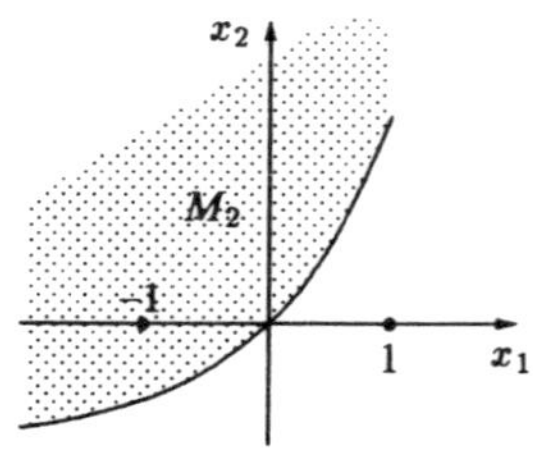

M_2 links oberhalb der Kurve mit Rand

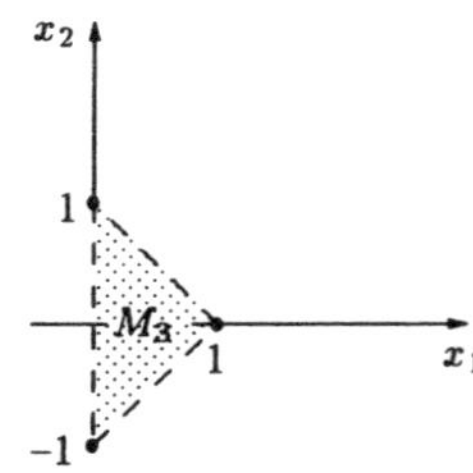

M_3 als Dreieck ohne Rand

(Definition 4.35, 4.37, 4.38)

b) $\begin{pmatrix} x_1 \\ x_2 \end{pmatrix} = \begin{pmatrix} 0 \\ 0 \end{pmatrix} \in M_1 \cap M_2$ (Definition 3.13)

c)

Menge	M_1	M_2	M_3	M_4	M_5
offen	nein	nein	ja	nein	ja
abgeschlossen	ja	ja	nein	ja	nein

(Definition 4.38)

d) $\begin{pmatrix} x_1 \\ x_2 \end{pmatrix}, \begin{pmatrix} y_1 \\ y_2 \end{pmatrix} \in M_1 \;\Rightarrow\; x_1 \geqq 0,\; y_1 \geqq 0,\; x_2 \leqq x_1,\; y_2 \leqq y_1$

$$\Rightarrow \left.\begin{array}{rcl} z_1 = rx_1 + (1-r)y_1 & \geqq & 0 \\ z_2 = rx_2 + (1-r)y_2 & \leqq & rx_1 + (1-r)y_1 = z_1 \end{array}\right\} \text{ für } r \in [0,1]$$

$$\Rightarrow \begin{pmatrix} z_1 \\ z_2 \end{pmatrix} \in M_1$$

Aus Definition 4.48 folgt die Behauptung.

Lösung zu Aufgabe 26

a) $Q_a = \{\mathbf{x} \in \mathbf{R}^3 : \mathbf{x} = r_1 \begin{pmatrix} 1 \\ 0 \\ 0 \end{pmatrix} + r_2 \begin{pmatrix} 1 \\ 0 \\ 1 \end{pmatrix},\; r_1, r_2 \geqq 0\}$

$$Q_b = \{\mathbf{x} \in \mathbf{R}^3 : \mathbf{x} = r_3 \begin{pmatrix} 1 \\ 0 \\ 0 \end{pmatrix} + r_4 \begin{pmatrix} 0 \\ 1 \\ 1 \end{pmatrix} + r_5 \begin{pmatrix} 1 \\ 1 \\ 1 \end{pmatrix},\; r_3, r_4, r_5 \geqq 0\}$$

(Definition 4.46)

$$Q_a \cap Q_b : r_1 \begin{pmatrix} 1 \\ 0 \\ 0 \end{pmatrix} + r_2 \begin{pmatrix} 1 \\ 0 \\ 1 \end{pmatrix} = r_3 \begin{pmatrix} 1 \\ 0 \\ 0 \end{pmatrix} + r_4 \begin{pmatrix} 0 \\ 1 \\ 1 \end{pmatrix} + r_5 \begin{pmatrix} 1 \\ 1 \\ 1 \end{pmatrix}$$

$$\left.\begin{array}{rcll} r_1 + r_2 & = & r_3 & +r_5 \\ 0 & = & r_4 & +r_5 \\ r_2 & = & r_4 & +r_5 \end{array}\right\} \begin{array}{rcll} r_1 & = & r_3 & \geqq 0 \\ r_4 & = & -r_5 & = 0 \text{ wegen } r_4, r_5 \geqq 0 \\ r_2 & = & 0 & \end{array}$$

$$\Rightarrow \; Q_a \cap Q_b = \{\mathbf{x} \in \mathbf{R}^3 : \mathbf{x} = r_1 \begin{pmatrix} 1 \\ 0 \\ 0 \end{pmatrix},\; r_1 \geqq 0\} \text{ abg. konvexer Kegel}$$

(Definition 3.13, 4.46)

$$\Rightarrow \; Q_a \cup Q_b = \{\mathbf{x} \in \mathbf{R}^3 : \; \mathbf{x} = r_1 \begin{pmatrix} 1 \\ 0 \\ 0 \end{pmatrix} + r_2 \begin{pmatrix} 1 \\ 0 \\ 1 \end{pmatrix},\; r_1, r_2 \geqq 0 \vee$$
$$\mathbf{x} = r_3 \begin{pmatrix} 1 \\ 0 \\ 0 \end{pmatrix} + r_4 \begin{pmatrix} 0 \\ 1 \\ 1 \end{pmatrix},\; r_3, r_4 \geqq 0\}$$

Wegen $r_5 \begin{pmatrix} 1 \\ 1 \\ 1 \end{pmatrix} = r_5 \left(1 \begin{pmatrix} 1 \\ 0 \\ 0 \end{pmatrix} + 1 \begin{pmatrix} 0 \\ 1 \\ 1 \end{pmatrix}\right)$ kann auf den Summanden $r_5 \begin{pmatrix} 1 \\ 1 \\ 1 \end{pmatrix}$ verzichtet werden. (Definition 3.14, 4.45, 4.46)

b) $$V_a = \{\mathbf{x} \in \mathbf{R}^3 : \mathbf{x} = r_1 \begin{pmatrix} 1 \\ 0 \\ 0 \end{pmatrix} + r_2 \begin{pmatrix} 1 \\ 0 \\ 1 \end{pmatrix},\; r_1, r_2 \in \mathbf{R}\} \text{ mit } \dim V_a = 2$$
$$V_b = \{\mathbf{x} \in \mathbf{R}^3 : \mathbf{x} = r_3 \begin{pmatrix} 1 \\ 0 \\ 0 \end{pmatrix} + r_4 \begin{pmatrix} 0 \\ 1 \\ 1 \end{pmatrix},\; r_3, r_4 \in \mathbf{R}\} \text{ mit } \dim V_b = 2$$

(Definition (4.56, 4.58, 4.61)

$$V_a \cap V_b = \{\mathbf{x} \in \mathbf{R}^3 : \mathbf{x} = r_1 \begin{pmatrix} 1 \\ 0 \\ 0 \end{pmatrix},\; r_1 \in \mathbf{R}\} \text{ mit } \dim (V_a \cap V_b) = 1$$

(nach a) und Definition 3.13, 4.61)

$V_a \cup V_b$ ist kein Vektorraum, da

$$\begin{pmatrix} 1 \\ 0 \\ 1 \end{pmatrix}, \begin{pmatrix} 0 \\ 1 \\ 1 \end{pmatrix} \in V_a \cup V_b, \quad \begin{pmatrix} 1 \\ 0 \\ 1 \end{pmatrix} + \begin{pmatrix} 0 \\ 1 \\ 1 \end{pmatrix} = \begin{pmatrix} 1 \\ 1 \\ 2 \end{pmatrix} \notin V_a \cup V_b.$$

Für alle $r_1, r_2, r_3, r_4 \in \mathbf{R}$ gilt nämlich

$$\begin{pmatrix} 1 \\ 1 \\ 2 \end{pmatrix} \neq r_1 \begin{pmatrix} 1 \\ 0 \\ 0 \end{pmatrix} + r_2 \begin{pmatrix} 1 \\ 0 \\ 1 \end{pmatrix} \text{ und } \begin{pmatrix} 1 \\ 1 \\ 2 \end{pmatrix} \neq r_3 \begin{pmatrix} 1 \\ 0 \\ 0 \end{pmatrix} + r_4 \begin{pmatrix} 0 \\ 1 \\ 1 \end{pmatrix}.$$

(Definition 3.14, 4.56)

Lösung zu Aufgabe 27

a) Wegen $\begin{pmatrix} 3 \\ -1 \\ 2 \end{pmatrix} \neq \begin{pmatrix} r \\ ra \\ 0 \end{pmatrix}$ für alle $r, a \in \mathbf{R}$

sind $\mathbf{x}^1, \mathbf{x}^2(a)$ linear unabhängig für alle $a \in \mathbf{R}$. (Satz 4.60)

b) Wir bestimmen Rg $(\mathbf{x}^1, \mathbf{x}^2(a), \mathbf{x}^3(b))$:

Zeile	*Basis*	$\mathbf{x}^1$	$\mathbf{x}^2(a)$	$\mathbf{x}^3(b)$	*Operation*
①	$\mathbf{e}_1$	3	1	b	
②	$\mathbf{e}_2$	-1	a	3	
③	$\mathbf{e}_3$	$\boxed{2}$	0	-2	
④	$\mathbf{x}^1$	1	0	-1	$\frac{1}{2}$③
⑤	$\mathbf{e}_1$	0	$\boxed{1}$	$b+3$	① $-\frac{3}{2}$③
⑥	$\mathbf{e}_2$	0	a	2	② $+\frac{1}{2}$③
⑦	$\mathbf{x}^1$	1	0	-1	④
⑧	$\mathbf{x}^2(a)$	0	1	$b+3$	⑤
⑨	$\mathbf{e}_2$	0	0	$2-a(b+3)$	⑥ $-a$⑤

Nach Satz 4.73 gilt Rg $(\mathbf{x}^1, \mathbf{x}^2(a), \mathbf{x}^3(b))$ $= 2$ für $2 - a(b+3) = 0$
$= 3$ für $2 - a(b+3) \neq 0$

Also sind die Vektoren $\mathbf{x}^1, \mathbf{x}^2(a), \mathbf{x}^3(b)$ linear abhängig für alle (a, b) mit $2 = a(b+3)$.

c) $$\text{Rg}\,(\mathbf{x}^1, \mathbf{x}^2(a), \mathbf{x}^3(-1)) = \text{Rg}\begin{pmatrix} 3 & 1 & -1 \\ -1 & a & 3 \\ 2 & 0 & -2 \end{pmatrix} \begin{aligned} &= 2 \text{ für } a = 1 \\ &= 3 \text{ für } a \neq 1 \end{aligned}$$

$$\text{Rg}\,(\mathbf{x}^1, \mathbf{x}^2(-1), \mathbf{x}^3(b)) = \text{Rg}\begin{pmatrix} 3 & 1 & b \\ -1 & -1 & 3 \\ 2 & 0 & -2 \end{pmatrix} \begin{aligned} &= 2 \text{ für } b = -5 \\ &= 3 \text{ für } b \neq -5 \end{aligned}$$

Lösung zu Aufgabe 28

a)

Zeile	*Basis*	a^1	a^2	a^3	a^4	*Operation*
①	e_1	$\boxed{1}$	1	3	2	
②	e_2	2	1	2	1	
③	e_3	2	0	1	−2	
④	a^1	1	1	3	2	①
⑤	e_2	0	$\boxed{-1}$	−4	−3	② − 2①
⑥	e_3	0	−2	−5	−6	③ − 2①
⑦	a^1	1	0	−1	−1	④ + ⑤
⑧	a^2	0	1	4	3	−⑤
⑨	e_3	0	0	3	0	⑥ − 2⑤

Nach Satz 4.73 sind a^1, a^2, a^3 linear unabhängig, bzw.
a^1, a^2, a^4 linear abhängig.

b) a^1, a^2, a^3 linear unabhängig

$$\Rightarrow \quad (r_1a^1 + r_2a^2 + r_3a^3 = 0 \Rightarrow r_1 = r_2 = r_3 = 0)$$
$$\Rightarrow \quad (-2r_1a^1 + 5r_2a^2 - 3r_3a^3 = 0 \Rightarrow r_1 = r_2 = r_3 = 0)$$
$$\Rightarrow \quad -2a^1, 5a^2, -3a^3 \text{ linear unabhängig}$$

(Definition 4.58)

Analog sind $a^1 + a^2$, a^2, $a^1 + a^3$ linear unabhängig.
Andererseits sind $a^1 + a^2$, $a^2 + a^3$, $a^3 - a^1$ wegen
$(a^1 + a^2) - (a^2 + a^3) + (a^3 - a^1) = 0$
stets (unabhängig von der Lösung a)) linear abhängig.

Lösung zu Aufgabe 29

a) Wir berechnen den Rang von $\mathsf{B} = \begin{pmatrix} \mathbf{x}_1^T \\ \mathbf{x}_2^T \\ \mathbf{x}_3^T \end{pmatrix} = \begin{pmatrix} 1 & 2 & 3 & 4 \\ 1 & 1 & -1 & -1 \\ -2 & 1 & 2 & 2 \end{pmatrix}$:

Zeile	*Basis*	b^1	b^2	b^3	b^4	*Operation*
(1)	e_1	[1]	2	3	4	
(2)	e_2	1	1	−1	−1	
(3)	e_3	−2	1	2	2	
(4)	b^1	1	2	3	4	(1)
(5)	e_2	0	[-1]	−4	−5	(2) − (1)
(6)	e_3	0	5	8	10	(3) + 2(1)
(7)	b^1	1	0	−5	−6	(4) + 2(5)
(8)	b^2	0	1	4	5	−(5)
(9)	e_3	0	0	−12	−15	(6) + 5(5)

Wegen Rg $(\mathsf{B}) = 3$ sind die Vektoren $\mathbf{x}^1$, $\mathbf{x}^2$, $\mathbf{x}^3$ linear unabhängig.

(Satz 4.73)

b) Durch Einsetzen der Vektoren $\mathbf{x}^1$, $\mathbf{x}^2$, $\mathbf{x}^3$ in das Gleichungssystem folgt: $\mathbf{x}^1$ ist keine Lösung, $\mathbf{x}^2$, $\mathbf{x}^3$ sind Lösungen.

c) Nach Satz 5.7 gilt:

Zeile	x_1	x_2	x_3	x_4		*Operation*
(1)	3	−1	2	1	−1	
(2)	2	−2	3	−1	−2	
(3)	[1]	−3	4	−3	−3	
(4)	4	0	1	3	0	
(5)	1	−3	4	−3	−3	(3)
(6)	0	[4]	−5	5	4	(2) − 2(3)
(7)	0	4	−5	5	4	(1) − (2) − (3)
(8)	0	4	−5	5	4	(4) − 2(2)
(9)	1	0	$\frac{1}{4}$	$\frac{3}{4}$	0	(5) + $\frac{3}{4}$(6)
(10)	0	1	$-\frac{5}{4}$	$\frac{5}{4}$	1	$\frac{1}{4}$(6)

Spezielle inhomogene Lösung: $\mathbf{x}^1 = \begin{pmatrix} 0 \\ 1 \\ 0 \\ 0 \end{pmatrix}$

Allgemeine homogene Lösung :

$$L_H = \{\mathbf{x} \in \mathbb{R}^4 : \mathbf{x} = r_1 \begin{pmatrix} -\frac{1}{4} \\ \frac{5}{4} \\ 1 \\ 0 \end{pmatrix} + r_2 \begin{pmatrix} -\frac{3}{4} \\ -\frac{5}{4} \\ 0 \\ 1 \end{pmatrix},\ r_1, r_2 \in \mathbb{R}\} \qquad \text{(Satz 5.11)}$$

Allgemeine Lösung :

$$L = \{\mathbf{x} \in \mathbb{R}^4 : \mathbf{x} = \begin{pmatrix} 0 \\ 1 \\ 0 \\ 0 \end{pmatrix} + r_1 \begin{pmatrix} -\frac{1}{4} \\ \frac{5}{4} \\ 1 \\ 0 \end{pmatrix} + r_2 \begin{pmatrix} -\frac{3}{4} \\ -\frac{5}{4} \\ 0 \\ 1 \end{pmatrix},\ r_1, r_2 \in \mathbb{R}\}$$

(Satz 5.13)

Lösung zu Aufgabe 30

a) Nach Satz 5.7 gilt:

Zeile	x_1	x_2	x_3		*Operation*
(1)	1	1	0	5	
(2)	0	1	−1	2	
(3)	1	0	1	0	
(4)	0	0	0	3	(1) − (2) − (3)

Das Gleichungssystem ist nicht lösbar.

Zeile	x_1	x_2	x_3		*Operation*
(1)	$\boxed{1}$	2	−3	2	
(2)	1	4	1	4	
(3)	1	3	−1	3	
(4)	1	2	−3	2	(1)
(5)	0	2	4	2	(2) − (1)
(6)	0	$\boxed{1}$	2	1	(3) − (1)
(7)	1	0	−7	0	(4) − 2(6)
(8)	0	1	2	1	(6)

Das Gleichungssystem besitzt unendlich viele Lösungen.

b) Das erste Gleichungssystem bleibt unlösbar.
Das zweite Gleichungssystem verändert sich nicht (vgl. erste Gleichung).

c) Lösung des zweiten Gleichungssystems mit $x_3 = 0$: $\mathbf{x}^T = (0, 1, 0)$

Lösung zu Aufgabe 31

Nach Satz 4.76 bzw. 5.7 berechnen wir:

Zeile	x_1	x_2	x_3	x_4		*Operation*	
①	$\boxed{1}$	0	0	-1	2		
②	0	1	-1	1	3		
③	0	0	a	0	1		
④	0	1	0	b	0		
⑤	1	0	0	-1	2	①	
⑥	0	1	0	b	0	④	
⑦	0	0	$\boxed{1}$	0	$\frac{1}{a}$	$\frac{1}{a}$③	falls $a \neq 0$
⑧	0	0	0	$1-b$	$3+\frac{1}{a}$	② $-$ ④ $+\frac{1}{a}$③	
⑨	1	0	0	0	$2+\frac{3a+1}{a(1-b)}$	⑤ $+\frac{1}{1-b}$⑧	falls $b \neq 1$
⑩	0	1	0	0	$\frac{-b(3a+1)}{a(1-b)}$	⑥ $-\frac{b}{1-b}$⑧	
⑪	0	0	1	0	$\frac{1}{a}$	⑦	
⑫	0	0	0	1	$\frac{3a+1}{a(1-b)}$	$\frac{1}{1-b}$⑧	

$$(x_1,x_2,x_3,x_4) = \left(2+\frac{3a+1}{a(1-b)},\ -\frac{b(3a+1)}{a(1-b)},\ \frac{1}{a},\ \frac{3a+1}{a(1-b)}\right) \quad \text{für } a \neq 0, b \neq 1$$

a) $L = \emptyset$ für $a = 0$ (Zeile ③)
oder $b = 1,\quad a \neq -\frac{1}{3}$ (Zeile ⑧) (Satz 5.9c)

b) $|L| = 1$ für $a \neq 0,\ b \neq 1$ (Zeilen ⑨ - ⑫, angegebene Lösung) (Satz 5.9e)

c) $|L| > 1$ für $b = 1,\ a = -\frac{1}{3}$ (Zeilen ⑤ - ⑧) mit (Satz 5.9d)

$$L = \{\mathbf{x} \in \mathbf{R}^4 : \mathbf{x} = \begin{pmatrix} 2 \\ 0 \\ -3 \\ 0 \end{pmatrix} + r_1 \begin{pmatrix} 1 \\ -1 \\ 0 \\ 1 \end{pmatrix},\ r_1 \in \mathbf{R}\} \qquad \text{(Satz 5.13)}$$

d) Für $a = 1,\ b = 0$ existiert genau eine Lösung: $L = \{\begin{pmatrix} 6 \\ 0 \\ 1 \\ 4 \end{pmatrix}\}$

Lösung zu Aufgabe 32

a) Unter Berücksichtigung von Satz 5.9 gilt

für I): $\operatorname{Rg}\begin{pmatrix} 3 & -1 \\ -6 & 2 \end{pmatrix} = \operatorname{Rg}\left(\begin{array}{cc|c} 3 & -1 & 7 \\ -6 & 2 & -14 \end{array}\right) = 1,$

also unendlich viele Lösungen (Satz 5.9d, 5.13)

für II): $\operatorname{Rg}\begin{pmatrix} 3 & -1 \\ 6 & 2 \end{pmatrix} = \operatorname{Rg}\left(\begin{array}{cc|c} 3 & -1 & 0 \\ 6 & 2 & 0 \end{array}\right) = 2,$

also eine eindeutige Lösung (Satz 5.9e)

für III): $\operatorname{Rg}\begin{pmatrix} 1 & -2 & -1 \\ -2 & 4 & 2 \end{pmatrix} = 1 < 2 = \operatorname{Rg}\left(\begin{array}{ccc|c} 1 & -2 & -1 & 1 \\ -2 & 4 & 2 & 2 \end{array}\right),$

also keine Lösung (Satz 5.9c)

für IV): $\operatorname{Rg}\begin{pmatrix} 1 & -2 & 1 \\ -2 & 4 & 2 \end{pmatrix} = \operatorname{Rg}\left(\begin{array}{ccc|c} 1 & -2 & 1 & 1 \\ -2 & 4 & 2 & 2 \end{array}\right) = 2,$

also unendlich viele Lösungen (Satz 5.9d, 5.13)

b) $L = \{\mathbf{x} \in \mathbb{R}^4 : \mathbf{x} = \begin{pmatrix} 2 \\ 0 \\ 1 \\ 0 \end{pmatrix} + r_1 \begin{pmatrix} 0 \\ 1 \\ 0 \\ 0 \end{pmatrix} + r_2 \begin{pmatrix} 1 \\ 0 \\ -1 \\ 1 \end{pmatrix},\ r_1, r_2 \in \mathbb{R}\}$

(Satz 5.13)

$L = \emptyset$ (Satz 5.9c)

Lösung zu Aufgabe 33

a)
$$\begin{array}{rcrcrcr} 4p_1 & + & p_2 & + & 2p_3 & = & 1200 \\ p_1 & + & 3p_2 & + & p_3 & = & 600 \\ 2p_1 & + & p_2 & + & 2p_3 & = & 800 \\ 6p_1 & + & 2p_2 & + & 4p_3 & = & 2000 \end{array}$$

b)

Zeile	p_1	p_2	p_3		*Operation*
①	4	1	2	1200	
②	$\boxed{1}$	3	1	600	
③	2	1	2	800	
④	6	2	4	2000	
⑤	1	3	1	600	②
⑥	0	$\boxed{-5}$	0	−400	③ − 2②
⑦	0	−1	−2	−400	① − 2③
⑧	0	0	0	0	④ − ① − ③
⑨	1	0	1	360	⑤ + $\frac{3}{5}$⑥
⑩	0	1	0	80	$-\frac{1}{5}$⑥
⑪	0	0	−2	−320	⑦ − $\frac{1}{5}$⑥

also $(p_1, p_2, p_3) = (200, 80, 160)$ (Satz 5.7)

c) $$\operatorname{Rg}\begin{pmatrix} 4 & 1 & 2 \\ 1 & 3 & 1 \\ 2 & 1 & 2 \\ 6 & 2 & 4 \end{pmatrix} = \operatorname{Rg}\left(\begin{array}{ccc|c} 4 & 1 & 2 & 1200 \\ 1 & 3 & 1 & 600 \\ 2 & 1 & 2 & 800 \\ 6 & 2 & 4 & 2000 \end{array}\right) = 3$$ (Satz 5.9e)

d) Neuer Preisvektor: $(q_1, q_2, q_3) = (210, 84, 168)$
Rechnungsbetrag für Bestellvektor $(2, 2, 2) : 420 + 168 + 336 = 924$

Lösung zu Aufgabe 34

a) Sei $\mathbf{x} \in \mathbf{R}_+^4$ der Produktmengenvektor,
$\mathbf{y} \in \mathbf{R}_+^4$ der Zeitvektor,
$\mathbf{z} \in \mathbf{R}_+^4$ der Kostenvektor,

dann erhalten wir mit Hilfe von Definition 5.18, Satz 5.20

$$f_1 : \mathbf{R}_+^4 \to \mathbf{R}_+^4 \text{ mit } f_1(\mathbf{x}) = \begin{pmatrix} 0 & 1 & 0 & 1 \\ 1 & 0 & 1 & 1 \\ 1 & 0 & 0 & 1 \\ 0 & 1 & 1 & 0 \end{pmatrix} \begin{pmatrix} x_1 \\ x_2 \\ x_3 \\ x_4 \end{pmatrix} = \begin{pmatrix} y_1 \\ y_2 \\ y_3 \\ y_4 \end{pmatrix}$$

$$f_2 : \mathbf{R}_+^4 \to \mathbf{R}_+^4 \text{ mit } f_2(\mathbf{y}) = \begin{pmatrix} 0 & 2 & 0 & 1 \\ 3 & 0 & 3 & 0 \\ 3 & 1 & 0 & 2 \\ 0 & 0 & 2 & 1 \end{pmatrix} \begin{pmatrix} y_1 \\ y_2 \\ y_3 \\ y_4 \end{pmatrix} = \begin{pmatrix} z_1 \\ z_2 \\ z_3 \\ z_4 \end{pmatrix}$$

$$f_3 : \mathbf{R}_+^4 \to \mathbf{R}_+^4 \text{ mit } f_3(\mathbf{x}) = (f_2 \circ f_1)(\mathbf{x}) = \begin{pmatrix} 2 & 1 & 3 & 2 \\ 3 & 3 & 0 & 6 \\ 1 & 5 & 3 & 4 \\ 2 & 1 & 1 & 2 \end{pmatrix} \begin{pmatrix} x_1 \\ x_2 \\ x_3 \\ x_4 \end{pmatrix}$$

b) $$\mathbf{x} = \begin{pmatrix} 250 \\ 100 \\ 50 \\ 350 \end{pmatrix}, \quad \mathbf{y} = f_1(\mathbf{x}) = \begin{pmatrix} 450 \\ 650 \\ 600 \\ 150 \end{pmatrix}, \quad \mathbf{z} = f_2(\mathbf{y}) = \begin{pmatrix} 1450 \\ 3150 \\ 2300 \\ 1350 \end{pmatrix}$$

(Definition 5.18)

c) Wir berechnen Rg $(\mathtt{A})$ mit $\mathtt{A} = \begin{pmatrix} 2 & 1 & 3 & 2 \\ 3 & 3 & 0 & 6 \\ 1 & 5 & 3 & 4 \\ 2 & 1 & 1 & 2 \end{pmatrix}$:

Zeile	*Basis*	a^1	a^2	a^3	a^4	*Operation*
(1)	e_1	2	1	3	2	
(2)	e_2	$\boxed{3}$	3	0	6	
(3)	e_3	1	5	3	4	
(4)	e_4	2	1	1	2	
(5)	e_1	0	$\boxed{-1}$	3	-2	(1) $-\frac{2}{3}$(2)
(6)	a^1	1	1	0	2	$\frac{1}{3}$(2)
(7)	e_3	0	4	3	2	(3) $-\frac{1}{3}$(2)
(8)	e_4	0	0	-2	0	(4) $-$ (1)
(9)	a^2	0	1	-3	2	$-$(5)
(10)	a^1	1	0	3	0	(6) $+$ (5)
(11)	e_3	0	0	15	-6	(7) $+4$(5)
(12)	e_4	0	0	-2	0	(8)

also Rg $\mathtt{A} = 4$

Damit existieren 3 Lösungsverfahren:

1) Gaußalgorithmus (Satz 5.7)

2) mit Hilfe von $\mathtt{A}^{-1}$: $\mathtt{Ax} = \mathtt{b} \quad \Rightarrow \quad \mathtt{x} = \mathtt{A}^{-1}\mathtt{b}$ (Satz 5.32)

3) Cramersche Regel: $\mathtt{Ax} = \mathtt{b} \quad \Rightarrow x_j = \dfrac{\det \mathtt{A}_j}{\det \mathtt{A}}$ $(j = 1, 2, 3, 4)$ (Satz 6.17)

Lösung zu Aufgabe 35

a)
$$\begin{array}{rcrcrcrcl} x_1 & + & x_2 & + & 2x_3 & & & = & 4 \\ x_1 & + & 2x_2 & + & 3x_3 & + & x_4 & = & 7 \\ & & x_2 & + & x_3 & + & 2x_4 & = & 3 \\ & & & & & & x_4 & = & 1 \end{array}$$

Zeile	x_1	x_2	x_3	x_4		*Operation*
①	$\boxed{1}$	1	2	0	4	
②	1	2	3	1	7	
③	0	1	1	2	~~3~~ 4	
④	0	0	0	1	1	
⑤	1	1	2	0	4	①
⑥	0	$\boxed{1}$	1	1	3	② − ①
⑦	0	1	1	1	~~2~~ 3	③ − ④
⑧	0	0	0	1	1	④

} Widerspruch: Das Problem ist nicht lösbar (Zeilen ⑥, ⑦)

(Satz 5.9a)

b) Korrektur der letzten Spalte:

Zeile	x_1	x_2	x_3	x_4		*Operation*
⑨	1	0	1	−1	1	⑤ − ⑥
⑩	0	1	1	1	3	⑥
⑪	0	0	0	$\boxed{1}$	1	⑧
⑫	1	0	1	0	2	⑨ + ⑪
⑬	0	1	1	0	2	⑩ − ⑪
⑭	0	0	0	1	1	⑪

⑦ entfällt

$$\text{Lösungsmenge } L = \{\mathbf{x} \in \mathbb{R}^4 : \mathbf{x} = \begin{pmatrix} 2 \\ 2 \\ 0 \\ 1 \end{pmatrix} + r \begin{pmatrix} -1 \\ -1 \\ 1 \\ 0 \end{pmatrix},\ r \in \mathbb{R}\}$$

(Satz 5.9d, 5.13)

c) $\mathbf{x} \geqq \mathbf{0}$: $\quad 2 - r \geqq 0,\ r \geqq 0 \quad \Rightarrow \quad r \in [0,2]$

$$L = \{\mathbf{x} \in \mathbb{R}^4 : \mathbf{x} = \begin{pmatrix} 2 \\ 2 \\ 0 \\ 1 \end{pmatrix} + r \begin{pmatrix} -1 \\ -1 \\ 1 \\ 0 \end{pmatrix},\ r \in [0,2]\}$$

Lösung zu Aufgabe 36

a) Nach Definition 5.18, Satz 5.20d, 5.22c, Definition 5.23 gilt:
Zu f existiert f^{-1}, wenn $\mathbf{F}^{-1}$ existiert,
zu f, g existiert $g \circ f$, wenn $\mathbf{GF}$ existiert.

Nach Satz 5.27 berechnen wir $\mathbf{F}^{-1}$:

Zeile	**F**			**E**			*Operation*
①	1	0	2	1	0	0	
②	0	1	1	0	1	0	
③	0	1	−1	0	0	1	
④	1	0	0	1	−1	1	① − ② + ③
⑤	0	1	0	0	$\frac{1}{2}$	$\frac{1}{2}$	$\frac{1}{2}$② + $\frac{1}{2}$③
⑥	0	0	1	0	$\frac{1}{2}$	$-\frac{1}{2}$	$\frac{1}{2}$② − $\frac{1}{2}$③

Wir erhalten $\mathbf{F}^{-1} = \begin{pmatrix} 1 & -1 & 1 \\ 0 & \frac{1}{2} & \frac{1}{2} \\ 0 & \frac{1}{2} & -\frac{1}{2} \end{pmatrix}$ sowie $\mathbf{GF} = \begin{pmatrix} 1 & 0 & 0 \\ 0 & 4 & 0 \\ 2 & 8 & 0 \\ 0 & 0 & -2 \end{pmatrix}$.

(Definition 4.22)

$$\begin{array}{llrcl} \text{Damit existieren} & f^{-1} & \text{mit} \quad f^{-1}(\mathbf{x}) & = & \mathbf{F}^{-1}\mathbf{x} \\ & g \circ f & \text{mit} \quad (g \circ f)(\mathbf{x}) & = & \mathbf{GFx} \end{array}$$

Es existiert nicht $\mathbf{FG}$ (Definition 4.22), also auch nicht $f \circ g$ bzw. $(f \circ g)^{-1}$.
Es existieren weder $\mathbf{G}^{-1}$ noch $(\mathbf{GF})^{-1}$ (Definition 5.23), also auch nicht g^{-1} bzw. $(g \circ f)^{-1}$.

b) Das Gleichungssystem

$$\begin{pmatrix} 1 & 0 & 0 \\ 0 & 4 & 0 \\ 2 & 8 & 0 \\ 0 & 0 & -2 \end{pmatrix} \begin{pmatrix} x_1 \\ x_2 \\ x_3 \end{pmatrix} = \begin{pmatrix} 5 \\ -28 \\ -46 \\ -36 \end{pmatrix} \quad \text{bzw.} \quad \begin{array}{rcr} x_1 & = & 5 \\ 4x_2 & = & -28 \\ 2x_1 + 8x_2 & = & -46 \\ -2x_3 & = & -36 \end{array}$$

besitzt die Lösungsmenge $L = \left\{ \begin{pmatrix} 5 \\ -7 \\ 18 \end{pmatrix} \right\}$.

Lösung zu Aufgabe 37

a) Nach Definition 5.29 gilt:

$$\mathtt{AA}^T = \frac{1}{4}\begin{pmatrix} 3 & \cdot & \cdot \\ \cdot & \cdot & \cdot \\ \cdot & \cdot & \cdot \end{pmatrix} \neq \mathbf{E}, \text{ also ist } \mathtt{A} \text{ nicht orthogonal.}$$

$$\mathtt{BB}^T = \frac{1}{100}\begin{pmatrix} 64+18+18 & 48-24-24 & 30-30 \\ 48-24-24 & 36+32+32 & -40+40 \\ 30-30 & -40+40 & 50+50 \end{pmatrix} = \mathbf{E} ,$$

also ist B orthogonal.

$$\mathtt{CC}^T = \frac{1}{4}\begin{pmatrix} 4 & 0 & 0 & 0 \\ 0 & 4 & 0 & 0 \\ 0 & 0 & 4 & 0 \\ 0 & 0 & 0 & 4 \end{pmatrix} = \mathbf{E} , \text{ also ist } \mathtt{C} \text{ orthogonal.}$$

$$\mathtt{DD}^T = \frac{1}{16}\begin{pmatrix} 1 & \cdot & \cdot & \cdot \\ \cdot & \cdot & \cdot & \cdot \\ \cdot & \cdot & \cdot & \cdot \\ \cdot & \cdot & \cdot & \cdot \end{pmatrix} \neq \mathbf{E}, \text{ also ist } \mathtt{D} \text{ nicht orthogonal.}$$

b) Nach Satz 5.27 berechnen wir:

Zeile	A			E			*Operation*
(1)	$\boxed{\frac{1}{2}}$	$\frac{1}{2}$	$-\frac{1}{2}$	1	0	0	
(2)	$\frac{1}{2}$	$-\frac{1}{2}$	$\frac{1}{2}$	0	1	0	
(3)	$-\frac{1}{2}$	$\frac{1}{2}$	$\frac{1}{2}$	0	0	1	
(4)	1	1	−1	2	0	0	2(1)
(5)	0	−1	1	−1	1	0	(2) − (1)
(6)	0	$\boxed{1}$	0	1	0	1	(3) + (1)
(7)	1	0	0	1	1	0	(4) + (5)
(8)	0	1	0	1	0	1	(6)
(9)	0	0	1	0	1	1	(6) + (5)

$$\operatorname{Rg} \mathtt{A} = 3, \quad \mathtt{A}^{-1} = \begin{pmatrix} 1 & 1 & 0 \\ 1 & 0 & 1 \\ 0 & 1 & 1 \end{pmatrix} \qquad \text{(Satz 5.25)}$$

$$\mathtt{B}^{-1} = \mathtt{B}^T = \frac{1}{10}\begin{pmatrix} 8 & 6 & 0 \\ 3\sqrt{2} & -4\sqrt{2} & 5\sqrt{2} \\ 3\sqrt{2} & -4\sqrt{2} & -5\sqrt{2} \end{pmatrix}, \ \operatorname{Rg} \mathtt{B} = 3 \qquad \text{(Satz 5.25)}$$

$$\mathtt{C}^{-1} = \mathtt{C}^T = \frac{1}{2}\begin{pmatrix} 1 & 1 & \sqrt{2} & 0 \\ 1 & 1 & -\sqrt{2} & 0 \\ 1 & -1 & 0 & \sqrt{2} \\ 1 & -1 & 0 & -\sqrt{2} \end{pmatrix}, \ \mathrm{Rg}\ \mathtt{C} = 4 \qquad \text{(Satz 5.25)}$$

$$\mathtt{D} = \begin{pmatrix} \frac{1}{4} & 0 & 0 & 0 \\ 0 & \frac{1}{2} & 0 & 0 \\ 0 & 0 & 1 & 0 \\ 0 & 0 & 0 & 2 \end{pmatrix} \Rightarrow \mathtt{D}^{-1} = \begin{pmatrix} 4 & 0 & 0 & 0 \\ 0 & 2 & 0 & 0 \\ 0 & 0 & 1 & 0 \\ 0 & 0 & 0 & \frac{1}{2} \end{pmatrix} \qquad \text{(Beispiel 5.28)}$$

$$\mathrm{Rg}\ \mathtt{D} = 4 \qquad \text{(Satz 5.25)}$$

c) $\mathtt{CXC}^T = \mathtt{D} \quad \Rightarrow \quad \mathtt{C}^T\mathtt{CXC}^T\mathtt{C} = \mathtt{EXE} = \mathtt{X} = \mathtt{C}^T\mathtt{DC}$

(Definition 5.29, Satz 5.32)

$$\Rightarrow \mathtt{X} =$$

$$\frac{1}{2}\begin{pmatrix} 1 & 1 & \sqrt{2} & 0 \\ 1 & 1 & -\sqrt{2} & 0 \\ 1 & -1 & 0 & \sqrt{2} \\ 1 & -1 & 0 & -\sqrt{2} \end{pmatrix} \frac{1}{4}\begin{pmatrix} 1 & 0 & 0 & 0 \\ 0 & 2 & 0 & 0 \\ 0 & 0 & 4 & 0 \\ 0 & 0 & 0 & 8 \end{pmatrix} \frac{1}{2}\begin{pmatrix} 1 & 1 & 1 & 1 \\ 1 & 1 & -1 & -1 \\ \sqrt{2} & -\sqrt{2} & 0 & 0 \\ 0 & 0 & \sqrt{2} & -\sqrt{2} \end{pmatrix}$$

$$= \frac{1}{16}\begin{pmatrix} 1 & 2 & 4\sqrt{2} & 0 \\ 1 & 2 & -4\sqrt{2} & 0 \\ 1 & -2 & 0 & 8\sqrt{2} \\ 1 & -2 & 0 & -8\sqrt{2} \end{pmatrix}\begin{pmatrix} 1 & 1 & 1 & 1 \\ 1 & 1 & -1 & -1 \\ \sqrt{2} & -\sqrt{2} & 0 & 0 \\ 0 & 0 & \sqrt{2} & -\sqrt{2} \end{pmatrix}$$

$$= \frac{1}{16}\begin{pmatrix} 11 & -5 & -1 & -1 \\ -5 & 11 & -1 & -1 \\ -1 & -1 & 19 & -13 \\ -1 & -1 & -13 & 19 \end{pmatrix}$$

(Definition 4.18, 4.22)

Lösung zu Aufgabe 38

a) Output Landwirtschaft: $x_1 = 100 + 100 + 300 = 500$
Output Verkehr: $x_2 = 200 + 100 + 100 = 400$

b) $$A = \begin{pmatrix} \frac{100}{500} & \frac{100}{400} \\ \frac{200}{500} & \frac{100}{400} \end{pmatrix} = \begin{pmatrix} 0.2 & 0.25 \\ 0.4 & 0.25 \end{pmatrix} \qquad \text{(Beispiel 5.34)}$$

$$\mathtt{E} - \mathtt{A} = \begin{pmatrix} 0.8 & -0.25 \\ -0.4 & 0.75 \end{pmatrix}$$

Nach Satz 5.27 berechnen wir:

Zeile	$\mathtt{E}-\mathtt{A}$		$\mathtt{E}$		*Operation*
①	$\boxed{\frac{4}{5}}$	$-\frac{1}{4}$	1	0	
②	$-\frac{2}{5}$	$\frac{3}{4}$	0	1	
③	1	$-\frac{5}{16}$	$\frac{5}{4}$	0	$\frac{5}{4}$①
④	0	$\boxed{\frac{5}{8}}$	$\frac{1}{2}$	1	② $+\frac{1}{2}$①
⑤	1	0	$\frac{3}{2}$	$\frac{1}{2}$	③ $+\frac{1}{2}$④
⑥	0	1	$\frac{4}{5}$	$\frac{8}{5}$	$\frac{8}{5}$④

$$(\mathtt{E}-\mathtt{A})^{-1}=\begin{pmatrix}1.5 & 0.5\\ 0.8 & 1.6\end{pmatrix}$$

c) Endverbrauch: $\mathbf{y}=\begin{pmatrix}0.8 & -0.25\\ -0.4 & 0.75\end{pmatrix}\begin{pmatrix}600\\ 500\end{pmatrix}=\begin{pmatrix}355\\ 135\end{pmatrix}$

d) Output: $\mathbf{x}=\begin{pmatrix}1.5 & 0.5\\ 0.8 & 1.6\end{pmatrix}\begin{pmatrix}330\\ 110\end{pmatrix}=\begin{pmatrix}550\\ 440\end{pmatrix}$

Lösung zu Aufgabe 39

a) Menge aller produzierbaren Quantitäten $\mathbf{x}=\begin{pmatrix}x_1\\ x_2\\ x_3\end{pmatrix}\in\mathbb{R}^3_+$:

$$\begin{aligned}\{\mathbf{x}\in\mathbb{R}^3_+ :\ & 5x_1+4x_2+3x_3 \leqq 180 && (\text{Maschine } M_1),\\ & 7x_1+2x_2+x_3 \leqq 170 && (\text{Maschine } M_2),\\ & x_1+3x_2+2x_3 \leqq 100 && (\text{Maschine } M_3)\ \}\end{aligned}$$

b) $$\left.\begin{aligned}5x_1+4x_2+3\cdot 20 &\leqq 180\\ 7x_1+2x_2+20 &\leqq 170\\ x_1+3x_2+2\cdot 20 &\leqq 100\end{aligned}\right\}$$

$\Rightarrow$

$$Z=\{x\in\mathbb{R}^2_+ :\ 5x_1+4x_2 \leqq 120,\ 7x_1+2x_2 \leqq 150,\ x_1+3x_2 \leqq 60\}$$

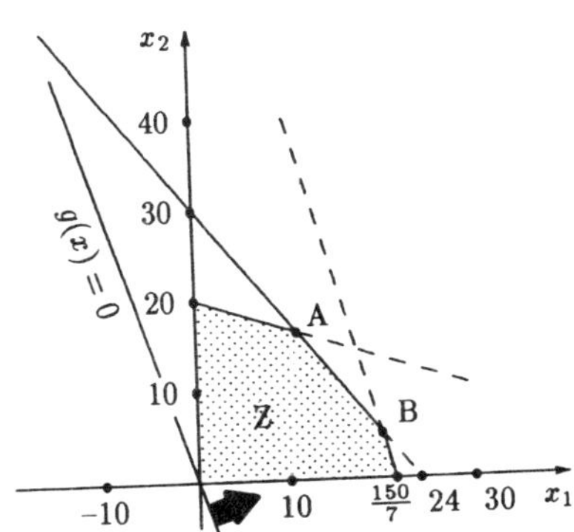

c) Zielfunktion $g : \mathbf{R}^2_+ \to \mathbf{R}^1$ mit $g(x_1, x_2) = 12x_1 + 4x_2$

Punkt A aus

$$\left.\begin{array}{rcrcr} 5x_1 & + & 4x_2 & = & 120 \\ x_1 & + & 3x_2 & = & 60 \end{array}\right\} : \begin{pmatrix} x_1 \\ x_2 \end{pmatrix} = \begin{pmatrix} \frac{120}{11} \\ \frac{180}{11} \end{pmatrix}, \quad g\left(\frac{120}{11}, \frac{180}{11}\right) = \frac{2160}{11}$$

Punkt B aus

$$\left.\begin{array}{rcrcr} 5x_1 & + & 4x_2 & = & 120 \\ 7x_1 & + & 2x_2 & = & 150 \end{array}\right\} : \begin{pmatrix} x_1 \\ x_2 \end{pmatrix} = \begin{pmatrix} 20 \\ 5 \end{pmatrix}, \quad g(20, 5) = 260$$

Damit maximiert der Vektor $x = \begin{pmatrix} 20 \\ 5 \end{pmatrix}$ den Gewinn.

Es ergibt sich $g(20, 5) = 260$.

d) Neue Maschine für M_2:

$4x_1 + 2x_2 + x_3 \leqq 120$

bzw. $4x_1 + 2x_2 \leqq 100$

(anstatt $7x_1 + 2x_2 \leqq 150$)

Neuer Punkt C : $\begin{pmatrix} x_1 \\ x_2 \end{pmatrix} = \begin{pmatrix} 24 \\ 0 \end{pmatrix}$

mit $g(24, 0) = 288 > 260$

Der Tausch lohnt sich.

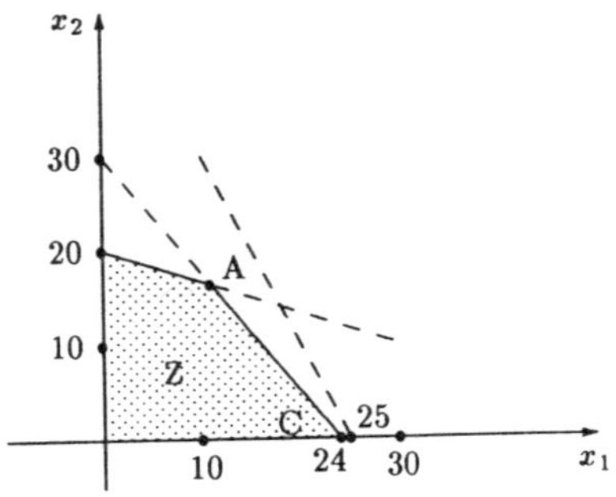

Lösung zu Aufgabe 40

a) $\mathbf{x} = 0$ erfüllt $\mathbf{Ax} \leqq \mathbf{b}$, $\mathbf{x} \geqq 0 \Rightarrow Z \neq \emptyset$ (Satz 5.42)

Ferner gibt es kein $\mathbf{x} \neq 0$ mit $\mathbf{Ax} \leqq 0$, $\mathbf{x} \geqq 0$

$\Rightarrow$ Z ist beschränkt (Satz 5.44)

b) Wegen $n = 3$, $m = 2$ erhält man höchstens $\binom{5}{2} = 10$ verschiedene zulässige Basislösungen.

Nach Satz 5.48, 5.50, Beispiel 5.51 gilt:

Zeile	*Basis*	$\mathbf{a}^1$	$\mathbf{a}^2$	$\mathbf{a}^3$	$\mathbf{e}_1$	$\mathbf{e}_2$	$\mathbf{b}$	*Pivot–spalte*	*Pivot–zeile*	*Operation*
①	$\mathbf{e}_1$	$\boxed{2}$	1	1	1	0	4	1	1	
②	$\mathbf{e}_2$	1	2	2	0	1	5			
③	$\mathbf{a}^1$	1	$\frac{1}{2}$	$\frac{1}{2}$	$\frac{1}{2}$	0	2	2	2	$\frac{1}{2}$①
④	$\mathbf{e}_2$	0	$\boxed{\frac{3}{2}}$	$\frac{3}{2}$	$-\frac{1}{2}$	1	3			② $-\frac{1}{2}$①
⑤	$\mathbf{a}^1$	1	0	0	$\frac{2}{3}$	$-\frac{1}{3}$	1	3	2	③ $-\frac{1}{3}$④
⑥	$\mathbf{a}^2$	0	1	$\boxed{1}$	$-\frac{1}{3}$	$\frac{2}{3}$	2			$\frac{2}{3}$④
⑦	$\mathbf{a}^1$	1	0	0	$\boxed{\frac{2}{3}}$	$-\frac{1}{3}$	1	4	1	⑤
⑧	$\mathbf{a}^3$	0	1	1	$-\frac{1}{3}$	$\frac{2}{3}$	2			⑥
⑨	$\mathbf{e}_1$	$\frac{3}{2}$	0	0	1	$-\frac{1}{2}$	$\frac{3}{2}$	5	2	$\frac{3}{2}$⑦
⑩	$\mathbf{a}^3$	$\frac{1}{2}$	1	1	0	$\boxed{\frac{1}{2}}$	$\frac{5}{2}$			⑧ $+\frac{1}{2}$⑦
⑪	$\mathbf{e}_1$	2	1	1	1	0	4	2	2	⑨ + ⑩
⑫	$\mathbf{e}_2$	1	$\boxed{2}$	2	0	1	5			2⑩
⑬	$\mathbf{e}_1$	$\frac{3}{2}$	0	0	1	$-\frac{1}{2}$	$\frac{3}{2}$			⑪ $-\frac{1}{2}$⑫
⑭	$\mathbf{a}^2$	$\frac{1}{2}$	1	1	0	$\frac{1}{2}$	$\frac{5}{2}$			$\frac{1}{2}$⑫

Aus dem Rechentableau ergeben sich mit
$(\mathbf{x}, \mathbf{y}) = (x_1, x_2, x_3, y_1, y_2)$ die Basislösungen

Zeile	①, ② bzw. ⑪, ⑫	③, ④	⑤, ⑥ bzw. ⑦, ⑧	⑨, ⑩ bzw. ⑬, ⑭
$(\mathbf{x}, \mathbf{y})$	$(0,0,0,4,5)$	$(2,0,0,0,3)$	$(1,2,0,0,0)$ $(1,0,2,0,0)$	$(0,0,\frac{5}{2},\frac{3}{2},0)$ $(0,\frac{5}{2},0,\frac{3}{2},0)$

Ferner liefert die Basis

$\{\mathbf{e}_1, \mathbf{a}^1\}$ die unzulässige Basislösung $(5,0,0,-6,0)$
$\{\mathbf{e}_2, \mathbf{a}^2\}$ die unzulässige Basislösung $(0,4,0,0,-3)$
$\{\mathbf{e}_2, \mathbf{a}^3\}$ die unzulässige Basislösung $(0,0,4,0,-3)$
$\{\mathbf{a}^2, \mathbf{a}^3\}$ keine Lösung.

$$\Rightarrow \text{ Eckpunkte } \mathbf{x}^1 = \begin{pmatrix} 0 \\ 0 \\ 0 \end{pmatrix}, \quad \mathbf{x}^2 = \begin{pmatrix} 2 \\ 0 \\ 0 \end{pmatrix}, \quad \mathbf{x}^3 = \begin{pmatrix} 1 \\ 2 \\ 0 \end{pmatrix},$$

$$\mathbf{x}^4 = \begin{pmatrix} 1 \\ 0 \\ 2 \end{pmatrix}, \quad \mathbf{x}^5 = \begin{pmatrix} 0 \\ \frac{5}{2} \\ 0 \end{pmatrix}, \quad \mathbf{x}^6 = \begin{pmatrix} 0 \\ 0 \\ \frac{5}{2} \end{pmatrix}$$

Lösung zu Aufgabe 41

a) $x_1 \geqq 0$: Anteil Klarer an LP
$x_2 \geqq 0$: Anteil Kräuterlikör an LP
$x_3 \geqq 0$: Anteil Orangensaft an LP

$$\begin{array}{rcrcrcll} x_1 & + & x_2 & + & x_3 & = & 1 & \text{(Mischungsbedingung)} \\ 40x_1 & + & 20x_2 & & & \geqq & 6 & \text{(Alkoholgehalt)} \\ & & x_2 & & & \geqq & 0.1 & \text{(Kräuterlikör)} \\ & & & & x_3 & \leqq & 0.75 & \text{(Orangensaft)} \\ \multicolumn{7}{l}{12x_1 + 18x_2 + 2x_3 \to \min} & \text{(Kosten)} \end{array}$$

b) $x_1 = 1 - x_2 - x_3 \geqq 0$

$\Rightarrow \; 12(1 - x_2 - x_3) + 18x_2 + 2x_3 = 12 + 6x_2 - 10x_3 \to \min$

mit

$$\begin{array}{lrcrcll} 40(1 - x_2 - x_3) + 20x_2 \geqq 6 \;\Rightarrow & 20x_2 & + & 40x_3 & \leqq & 34 & \text{(I)} \\ & x_2 & & & \geqq & 0.1 & \text{(II)} \\ & & & x_3 & \leqq & 0.75 & \text{(III)} \\ & x_2 & + & x_3 & \leqq & 1 & \text{(IV)} \\ & & & x_1, x_2 & \geqq & 0 & \end{array}$$

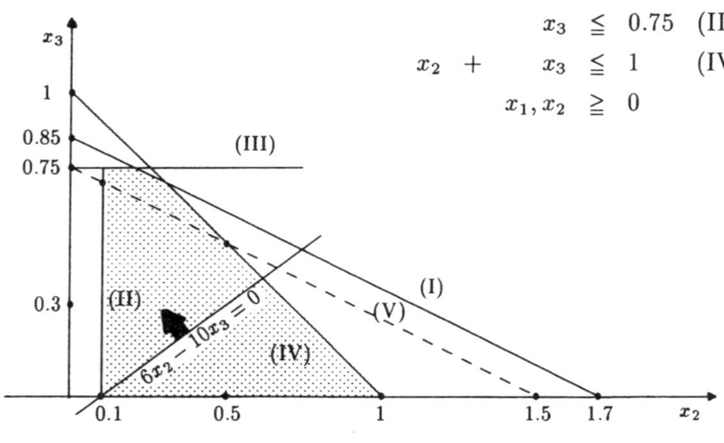

Aus der Zeichnung folgt für die Optimallösung (Beispiel 5.53)

$(x_2, x_3) = (0.1, 0.75) \quad \Rightarrow \quad x_1 = 1 - x_2 - x_3 = 0.15$

Kosten pro Liter: $12 + 6 \cdot 0.1 - 10 \cdot 0.75 = 5.10$ (DM)

c) (I) wird ersetzt durch die Gleichung $20x_2 + 40x_3 = 30$ (V)

$\Rightarrow \; (x_2, x_3) = (0.1, 0.7) \; \Rightarrow \; x_1 = 1 - x_2 - x_3 = 0.2$

Kosten pro Liter: $12 + 6 \cdot 0.1 - 10 \cdot 0.7 = 5.60$ (DM)

Lösung zu Aufgabe 42

a) $x_1 \geqq 0$: Eigenheime vom Typ A
$x_2 \geqq 0$: Eigenheime vom Typ B

$$\begin{array}{rcrcll} 200x_1 & + & 200x_2 & \leqq & 1600 & \text{(Kosten im 1. Jahr)} \\ 120x_1 & + & 200x_2 & \leqq & 1200 & \text{(Kosten im 2. Jahr)} \end{array}$$

$$(330-320)x_1 + (420-400)x_2 = 10x_1 + 20x_2 \to \max \quad \text{(Gewinn)}$$

b) Simplexverfahren (Figur 5.14):

Zeile	*Basis*	$\mathbf{a}^1$	$\mathbf{a}^2$	$\mathbf{e}_1$	$\mathbf{e}_2$	b	*Pivot–spalte*	*Pivot–zeile*	*Operation*
①	$\mathbf{e}_1$	200	200	1	0	1600	2	2	
②	$\mathbf{e}_2$	120	[200]	0	1	1200	da 20 maximal	da $\frac{1200}{200}$ minimal	
②'		10	20	0	0	0			
③	$\mathbf{e}_1$	80	0	1	−1	400			① − ②
④	$\mathbf{a}^2$	0.6	1	0	[$\frac{1}{200}$]	6			$\frac{1}{200}$②
④'		−2	0	0	−0.1	−120			②' − $\frac{1}{10}$②

Für die Lösung des Problems gilt: $(x_1, x_2) = (0, 6)$ mit $10x_1 + 20x_2 = 120$

Für den Bau von 6 Eigenheimen vom Typ B wird der Gewinn mit DM 120 000.– maximal.

c) Kosten im 1. Jahr : $200 \cdot 4 + 200 \cdot 4 = 1600$
Kosten im 2. Jahr : $120 \cdot 4 + 200 \cdot 4 = 1280$

$\Rightarrow$ Erhöhung des Kapitals nur im 2. Jahr um DM 80 000.–

d)
$$\begin{array}{rcrcl} 10x_1 & + & 20x_2 & \to & \max \\ 320x_1 & + & 400x_2 & \leqq & 2800 \text{ (I)} \end{array}$$
$x_1, x_2 \geqq 0$

Lösung : $(x_1, x_2) = (0, 7)$
Gewinn = 140 000.–
(Beispiel 5.53)

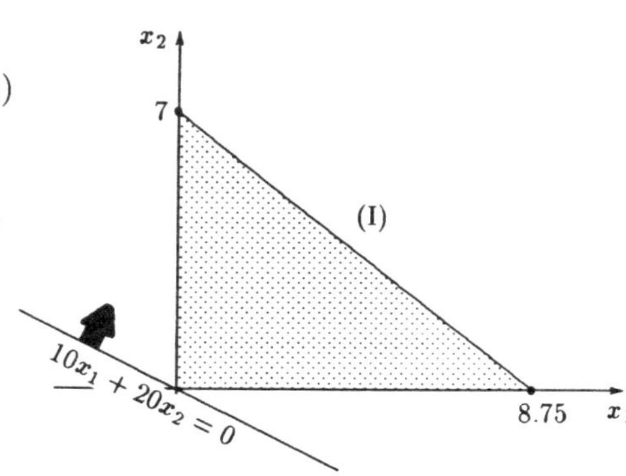

Lösung zu Aufgabe 43

Duales Problem → Primales Problem (Definition 5.60)

Duales Problem		Primales Problem (Definition 5.60)
$x_1 + x_2 + 2x_3 \to \min$	→	$6y_1 + 10y_2 + 6y_3 + 4y_4 \to \max$
mit		mit
$5x_1 + x_2 + 5x_3 \geqq 6$		$5y_1 + 5y_2 + y_3 + y_4 \leqq 1$
$5x_1 + 5x_2 + x_3 \geqq 10$		$y_1 + 5y_2 + 5y_3 + y_4 \leqq 1$
$x_1 + 5x_2 + x_3 \geqq 6$		$5y_1 + y_2 + y_3 + y_4 \leqq 2$
$x_1 + x_2 + x_3 \geqq 4$		
$x_1,\ x_2,\ x_3 \geqq 0$		$y_1,\ y_2,\ y_3,\ y_4 \geqq 0$

Simplexverfahren (Figur 5.14):

Zeile	*Basis*	$\mathbf{a}^1$	$\mathbf{a}^2$	$\mathbf{a}^3$	$\mathbf{a}^4$	$\mathbf{e}_1$	$\mathbf{e}_2$	$\mathbf{e}_3$	$\mathbf{b}$	*Pivot–spalte*	*Pivot–zeile*	*Operation*
①	$\mathbf{e}_1$	5	$\boxed{5}$	1	1	1	0	0	1	2	1	
②	$\mathbf{e}_2$	1	5	5	1	0	1	0	1	da 10	da $\frac{1}{5}$	
③	$\mathbf{e}_3$	5	1	1	1	0	0	1	2	maximal	minimal	
③′		6	10	6	4	0	0	0	0			
④	$\mathbf{a}^2$	1	1	$\frac{1}{5}$	$\frac{1}{5}$	$\frac{1}{5}$	0	0	$\frac{1}{5}$	3	2	$\frac{1}{5}$①
⑤	$\mathbf{e}_2$	-4	0	$\boxed{4}$	0	-1	1	0	0	da 4	da $\frac{0}{4}$	② − ①
⑥	$\mathbf{e}_3$	4	0	$\frac{4}{5}$	$\frac{4}{5}$	$-\frac{1}{5}$	0	1	$\frac{9}{5}$	maximal	minimal	③ − $\frac{1}{5}$①
⑥′		-4	0	4	2	-2	0	0	-2			③′ − 2①
⑦	$\mathbf{a}^2$	$\frac{6}{5}$	1	0	$\boxed{\frac{1}{5}}$	$\frac{1}{4}$	$-\frac{1}{20}$	0	$\frac{1}{5}$	4	1	④ − $\frac{1}{20}$⑤
⑧	$\mathbf{a}^3$	-1	0	1	0	$-\frac{1}{4}$	$\frac{1}{4}$	0	0	da 2	da 1	$\frac{1}{4}$⑤
⑨	$\mathbf{e}_3$	$\frac{24}{5}$	0	0	$\frac{4}{5}$	0	$-\frac{1}{5}$	1	$\frac{9}{5}$	maximal	minimal	⑥ − $\frac{1}{5}$⑤
⑨′		0	0	0	2	-1	-1	0	-2			⑥′ − ⑤
⑩	$\mathbf{a}^4$	6	5	0	1	$\frac{5}{4}$	$-\frac{1}{4}$	0	1			5⑦
⑪	$\mathbf{a}^3$	-1	0	1	0	$-\frac{1}{4}$	$\frac{1}{4}$	0	0			⑧
⑫	$\mathbf{e}_3$	0	-4	0	0	-1	0	1	1			⑨ − 4⑦
⑫′		-12	-10	0	0	$-\frac{7}{2}$	$-\frac{1}{2}$	0	-4			⑨′ − 10⑦

Für die Lösung des Minimierungsproblems gilt:

$(x_1,\ x_2,\ x_3) = (3.5,\ 0.5,\ 0)$ mit $x_1 + x_2 + 2x_3 = 4$ (Satz 5.63)

Lösung zu Aufgabe 44

a)

Zeile	*Basis*	$\mathbf{a}^1$	$\mathbf{a}^2$	$\mathbf{a}^3$	*Operation*
①	$\mathbf{e}_1$	$\boxed{1}$	2	3	
②	$\mathbf{e}_2$	1	c	3	
③	$\mathbf{e}_3$	1	2	c	
④	$\mathbf{a}^1$	1	2	3	①
⑤	$\mathbf{e}_2$	0	$c-2$	0	② − ①
⑥	$\mathbf{e}_3$	0	0	$c-3$	③ − ①

Rg $\mathbf{A} = 1$ unmöglich, da $c-2$ und $c-3$ nicht gleichzeitig 0 werden können

Rg $\mathbf{A} = 2$ für $c \in \{2,3\}$

Rg $\mathbf{A} = 3$ für $c \notin \{2,3\}$ (Definition 4.72, Satz 4.76)

b) $$\det \mathbf{A} = \det \begin{pmatrix} 1 & 2 & 3 \\ 1 & c & 3 \\ 1 & 2 & c \end{pmatrix} = c^2 + 6 + 6 - 3c - 2c - 6 = c^2 - 5c + 6$$

(Definition 6.3, Figur 6.2 (Sarrusregel))

$$\det \mathbf{A} = 0 \iff c^2 - 5c + 6 = (c-2)(c-3) = 0 \iff c \in \{2,3\}$$

$$\det \mathbf{A} > 0 \iff c^2 - 5c + 6 = (c-2)(c-3) > 0 \iff c > 3 \text{ oder } c < 2$$

$$\det \mathbf{A} < 0 \iff c \in \langle 2,3 \rangle$$

c) Nach der Sarrusregel und Satz 6.17 gilt:

$$\det \begin{pmatrix} 2 & 2 & 3 \\ 1 & c & 3 \\ 0 & 2 & c \end{pmatrix} = 2c^2 + 0 + 6 - 0 - 12 - 2c = 2(c^2 - c - 3)$$

$$\det \begin{pmatrix} 1 & 2 & 3 \\ 1 & 1 & 3 \\ 1 & 0 & c \end{pmatrix} = c + 6 + 0 - 3 - 0 - 2c = -1(c-3)$$

$$\det \begin{pmatrix} 1 & 2 & 2 \\ 1 & c & 1 \\ 1 & 2 & 0 \end{pmatrix} = 0 + 2 + 4 - 2c - 2 - 0 = -2(c-2)$$

Daraus erhält man die Lösung:

$$x_1 = \frac{2(c^2 - c - 3)}{c^2 - 5c + 6}, \quad x_2 = \frac{-1(c-3)}{(c-2)(c-3)} = \frac{1}{2-c},$$

$$x_3 = \frac{-2(c-2)}{(c-2)(c-3)} = \frac{2}{3-c}$$

Lösung zu Aufgabe 45

a)
$$\left.\begin{array}{rcrcrcl} Y & - & C & & & = & I_0 + G_0 \\ -\beta Y & + & C & + & \beta T & = & \alpha \\ -t Y & & & + & T & = & 0 \end{array}\right\}$$

$$\Rightarrow \begin{pmatrix} 1 & -1 & 0 \\ -\beta & 1 & \beta \\ -t & 0 & 1 \end{pmatrix} \begin{pmatrix} Y \\ C \\ T \end{pmatrix} = \begin{pmatrix} I_0 + G_0 \\ \alpha \\ 0 \end{pmatrix}$$

b)
$$\det \begin{pmatrix} 1 & -1 & 0 \\ -\beta & 1 & \beta \\ -t & 0 & 1 \end{pmatrix} = 1 + \beta t + 0 - 0 - \beta - 0 = 1 + \beta t - \beta$$

(Definition 6.3, Figur 6.2 (Sarrusregel))

Wegen $\beta, t \in \langle 0, 1]$ gilt $1 + \beta t \in \langle 1, 2 \rangle$, $1 + \beta t - \beta \in \langle 0, 1 \rangle$.

c) Wir berechnen die Kofaktoren zu $\mathtt{A}$ (Definition 6.6):

$$\begin{aligned} d_{11} &= \det \begin{pmatrix} 1 & \beta \\ 0 & 1 \end{pmatrix}, & d_{12} &= -\det \begin{pmatrix} -\beta & \beta \\ -t & 1 \end{pmatrix}, & d_{13} &= \det \begin{pmatrix} -\beta & 1 \\ -t & 0 \end{pmatrix}, \\ &= 1 & &= \beta - \beta t & &= t \end{aligned}$$

$$\begin{aligned} d_{21} &= -\det \begin{pmatrix} -1 & 0 \\ 0 & 1 \end{pmatrix}, & d_{22} &= \det \begin{pmatrix} 1 & 0 \\ -t & 1 \end{pmatrix}, & d_{23} &= -\det \begin{pmatrix} 1 & -1 \\ -t & 0 \end{pmatrix}, \\ &= 1 & &= 1 & &= t \end{aligned}$$

$$\begin{aligned} d_{31} &= \det \begin{pmatrix} -1 & 0 \\ 1 & \beta \end{pmatrix}, & d_{32} &= -\det \begin{pmatrix} 1 & 0 \\ -\beta & \beta \end{pmatrix}, & d_{33} &= \det \begin{pmatrix} 1 & -1 \\ -\beta & 1 \end{pmatrix} \\ &= -\beta & &= -\beta & &= 1 - \beta \end{aligned}$$

$$\mathtt{A}^{-1} = \frac{1}{\det \mathtt{A}} \mathtt{D}^T = \frac{1}{1 + \beta t - \beta} \begin{pmatrix} 1 & 1 & -\beta \\ \beta - \beta t & 1 & -\beta \\ t & t & 1 - \beta \end{pmatrix} \qquad \text{(Satz 6.15a)}$$

$$\mathtt{X} = \mathtt{A}^{-1}\mathtt{b} \Rightarrow \begin{pmatrix} Y \\ C \\ T \end{pmatrix} = \frac{1}{1 + \beta t - \beta} \begin{pmatrix} 1 & 1 & -\beta \\ \beta - \beta t & 1 & -\beta \\ t & t & 1 - \beta \end{pmatrix} \begin{pmatrix} I_0 + G_0 \\ \alpha \\ 0 \end{pmatrix}$$

Daraus erhält man

$$Y = \frac{I_0 + G_0 + \alpha}{1 + \beta t - \beta}, \quad C = \frac{(\beta - \beta t)(I_0 + G_0) + \alpha}{1 + \beta t - \beta}, \quad T = \frac{t(I_0 + G_0) + t\alpha}{1 + \beta t - \beta}$$

Lösung zu Aufgabe 46

a) $$\det\begin{pmatrix} 0.3-\lambda & 0.4 \\ 0.4 & 0.9-\lambda \end{pmatrix} \begin{aligned} &= (0.3-\lambda)(0.9-\lambda) - 0.16 \\ &= 0.11 - 1.2\lambda + \lambda^2 = (1.1-\lambda)(0.1-\lambda) = 0 \end{aligned}$$

(Definition 6.19, Satz 6.20)

Der größte Eigenwert ist $\lambda = 1.1$.

Den Eigenvektor erhält man aus

$$\begin{pmatrix} 0.3-1.1 & 0.4 \\ 0.4 & 0.9-1.1 \end{pmatrix}\begin{pmatrix} x_1 \\ x_2 \end{pmatrix} = \begin{pmatrix} -0.8 & 0.4 \\ 0.4 & -0.2 \end{pmatrix}\begin{pmatrix} x_1 \\ x_2 \end{pmatrix} = \begin{pmatrix} 0 \\ 0 \end{pmatrix}$$

$$\Rightarrow \begin{pmatrix} x_1 \\ x_2 \end{pmatrix} = \begin{pmatrix} a \\ 2a \end{pmatrix} \quad \text{mit } a \neq 0$$ (Definition 6.19, Satz 6.20, 6.21)

b) Hat man das Produktionsniveau $x_1 = a$, $x_2 = 2a$ $(a > 0)$ in Periode t, so ergibt sich für Periode $t+1$: $x_1 = 1.1a$, $x_2 = 2.2a$, also ein gleichförmiges Wachstum um 10%.

c) Wegen $x_2 = 2a = 2x_1$ (aus a)) ist die Gesamtproduktion von 6000 Einheiten in der Form $x_1 = 2000$, $x_2 = 4000$ aufzuteilen.

Daraus folgt für

die nächste Periode:	$x_1 = 2200$,	$x_2 = 4400$
die übernächste Periode:	$x_1 = 2420$,	$x_2 = 4840$

Lösung zu Aufgabe 47

a) Es gilt die Beziehung

$$\begin{pmatrix} x_t \\ y_t \end{pmatrix} = \begin{pmatrix} 0.9 & \sqrt{0.06} \\ \sqrt{0.06} & 0.8 \end{pmatrix}\begin{pmatrix} x_{t-1} \\ y_{t-1} \end{pmatrix} = \lambda\begin{pmatrix} x_{t-1} \\ y_{t-1} \end{pmatrix}$$

und wir erhalten ein Eigenwertproblem der Matrix

$$\mathbf{A} = \begin{pmatrix} 0.9 & \sqrt{0.06} \\ \sqrt{0.06} & 0.8 \end{pmatrix}.$$

$$\det\begin{pmatrix} 0.9-\lambda & \sqrt{0.06} \\ \sqrt{0.06} & 0.8-\lambda \end{pmatrix} \begin{aligned} &= (0.9-\lambda)(0.8-\lambda) - 0.06 \\ &= 0.66 - 1.7\lambda + \lambda^2 = (0.6-\lambda)(1.1-\lambda) = 0 \end{aligned}$$

$\Rightarrow \lambda_1 = 1.1,\ \lambda_2 = 0.6$

Mit $\lambda = 1 + \dfrac{p}{100}$ folgt $\quad p_1 = 10,\ p_2 = -40.$

b) Mit $p_1 = 10$ erhält man einen gleichförmigen Wachstumsprozeß um 10% mit
$\begin{pmatrix} x_t \\ y_t \end{pmatrix} = 1.1 \begin{pmatrix} x_{t-1} \\ y_{t-1} \end{pmatrix}$,
mit $p_2 = -40$ einen gleichförmigen Schrumpfungsprozeß um 40% mit
$\begin{pmatrix} x_t \\ y_t \end{pmatrix} = 0.6 \begin{pmatrix} x_{t-1} \\ y_{t-1} \end{pmatrix}$.

c) Wir bestimmen die Eigenvektoren zu $\lambda_1 = 1.1$ aus

$$\begin{pmatrix} 0.9 - 1.1 & \sqrt{0.06} \\ \sqrt{0.06} & 0.8 - 1.1 \end{pmatrix} \begin{pmatrix} x_0 \\ y_0 \end{pmatrix} = \begin{pmatrix} -0.2 & \sqrt{0.06} \\ \sqrt{0.06} & -0.3 \end{pmatrix} \begin{pmatrix} x_0 \\ y_0 \end{pmatrix} = \begin{pmatrix} 0 \\ 0 \end{pmatrix}$$

$$\Rightarrow \begin{pmatrix} x_0 \\ y_0 \end{pmatrix} = \begin{pmatrix} \sqrt{0.06}/0.2 \\ 1 \end{pmatrix}, \text{ also } \frac{x_0}{y_0} \approx 1.225.$$

Lösung zu Aufgabe 48

a) $\det \begin{pmatrix} 4-\lambda & \sqrt{3} \\ \sqrt{3} & 2-\lambda \end{pmatrix} = (4-\lambda)(2-\lambda) - 3 = 5 - 6\lambda + \lambda^2 = 0$

$\Rightarrow \lambda_1 = 5, \ \lambda_2 = 1$ (Definition 6.19, Satz 6.20)

b) Eigenwerte von $\mathbf{A}$: $\mathbf{A}\mathbf{x} = \lambda \mathbf{x}$ (Definition 6.19)

Eigenwerte von $\mathbf{A}^{-1}$:

$$\begin{aligned} \mathbf{A}^{-1}\mathbf{y} &= \mu \mathbf{y} \quad \| \cdot \frac{1}{\mu}\mathbf{A} \\ \Rightarrow \frac{1}{\mu}\mathbf{A}\mathbf{A}^{-1}\mathbf{y} &= \frac{1}{\mu}\mathbf{A}\mu\mathbf{y} \Rightarrow \frac{1}{\mu}\mathbf{y} = \mathbf{A}\mathbf{y} \quad \Rightarrow \mu = \frac{1}{\lambda} \end{aligned}$$

Eigenwerte von $\mathbf{A}^{-1}$: $\mu_1 = \frac{1}{5}, \ \mu_2 = 1$

Die Eigenvektoren von $\mathbf{A}$ und $\mathbf{A}^{-1}$ stimmen überein.

c) Die Matrizen $\mathbf{A}$ und $\mathbf{A}^{-1}$ sind postitiv definit. (Satz 6.35a)

d) Für $\mathbf{A}$ gilt: (Definition 6.19)

$$\begin{pmatrix} -1 & \sqrt{3} \\ \sqrt{3} & -3 \end{pmatrix} \begin{pmatrix} \sqrt{3} \\ 1 \end{pmatrix} = \begin{pmatrix} 0 \\ 0 \end{pmatrix} \quad \text{bzw.} \quad \begin{pmatrix} 3 & \sqrt{3} \\ \sqrt{3} & 1 \end{pmatrix} \begin{pmatrix} 1 \\ -\sqrt{3} \end{pmatrix} = \begin{pmatrix} 0 \\ 0 \end{pmatrix}$$

Für $\mathbf{A}^{-1} = \frac{1}{5} \begin{pmatrix} 2 & -\sqrt{3} \\ -\sqrt{3} & 4 \end{pmatrix} = \begin{pmatrix} \frac{2}{5} & -\frac{\sqrt{3}}{5} \\ -\frac{\sqrt{3}}{5} & \frac{4}{5} \end{pmatrix}$ gilt: (Definition 6.19)

$$\begin{pmatrix} \frac{1}{5} & -\frac{\sqrt{3}}{5} \\ -\frac{\sqrt{3}}{5} & \frac{3}{5} \end{pmatrix} \begin{pmatrix} \sqrt{3} \\ 1 \end{pmatrix} = \begin{pmatrix} 0 \\ 0 \end{pmatrix} \text{ bzw. } \begin{pmatrix} -\frac{3}{5} & -\frac{\sqrt{3}}{5} \\ -\frac{\sqrt{3}}{5} & -\frac{1}{5} \end{pmatrix} \begin{pmatrix} 1 \\ -\sqrt{3} \end{pmatrix} = \begin{pmatrix} 0 \\ 0 \end{pmatrix}$$

Die Vektoren $\begin{pmatrix} \sqrt{3} \\ 1 \end{pmatrix}, \begin{pmatrix} 1 \\ -\sqrt{3} \end{pmatrix}$ sind Eigenvektoren von $\mathbf{A}$ und $\mathbf{A}^{-1}$.

Lösung zu Aufgabe 49

a) $\det\begin{pmatrix} a-\lambda & 0 & 0 \\ 0 & 1-\lambda & 0 \\ 0 & 0 & a-\lambda \end{pmatrix} = (a-\lambda)^2(1-\lambda) = 0 \Rightarrow \lambda_1 = \lambda_2 = a, \lambda_3 = 1$

$$\det\begin{pmatrix} -\lambda & 0 & a \\ 0 & 1-\lambda & 0 \\ a & 0 & -\lambda \end{pmatrix} = \lambda^2(1-\lambda) - a^2(1-\lambda) = (\lambda^2 - a^2)(1-\lambda) = 0$$
$$\Rightarrow \lambda_1 = a, \lambda_2 = -a, \lambda_3 = 1$$

(Definition 6.19, Satz 6.20)

b) Unter Berücksichtigung von Definition 6.32, Satz 6.35 gilt:

A ist	positiv definit	für $a > 0$	**B** ist	positiv semidefinit	für $a = 0$
	positiv semidefinit	für $a \geqq 0$		indefinit	für $a \neq 0$
	indefinit	für $a < 0$			

Lösung zu Aufgabe 50

a) Nach Definition 6.19 gilt:

$$\begin{pmatrix} c_1-1 & 2 & 2 \\ 2 & c_2-1 & 1 \\ 2 & 1 & c_3-1 \end{pmatrix}\begin{pmatrix} 1 \\ 0 \\ -2 \end{pmatrix} = \begin{pmatrix} c_1-1-4 \\ 2-2 \\ 2-2(c_3-1) \end{pmatrix} = \begin{pmatrix} 0 \\ 0 \\ 0 \end{pmatrix}$$

$\Rightarrow\ c_1 = 5,\ c_3 = 2,\ c_2 \in \mathbf{R}$

b) Mit $\mathbf{x} = \begin{pmatrix} 1 \\ 0 \\ -2 \end{pmatrix}$ ist jedes $\mathbf{y} = \begin{pmatrix} a \\ 0 \\ -2a \end{pmatrix}$ mit $a \neq 0$ Eigenvektor.

(Satz 6.21)

c) Nach Definition 6.37, Satz 6.38 gilt:

$\det \mathbf{H}_1 = \det 5 = 5 > 0$

$\det \mathbf{H}_2 = \det\begin{pmatrix} 5 & 2 \\ 2 & c_2 \end{pmatrix} = 5c_2 - 4 > 0 \quad$ für $c_2 > \frac{4}{5}$

$$\det \mathbf{H}_3 = \det\begin{pmatrix} 5 & 2 & 2 \\ 2 & c_2 & 1 \\ 2 & 1 & 2 \end{pmatrix} = 10c_2 + 4 + 4 - 4c_2 - 5 - 8$$
$$= 6c_2 - 5 > 0 \quad \text{für } c_2 > \frac{5}{6}$$

A ist positiv definit für $c_2 > \frac{5}{6}$.

d) Wegen Satz 6.35a steht der Eigenwert $\lambda_2 = -3$ im Widerspruch zur positiven Definitheit von **A**.

Lösung zu Aufgabe 51

a) $e = 2.71828\ldots$ ist Eulersche Zahl, also ist $\frac{e}{2} > 1$

$$\Rightarrow \quad a_n = \frac{e^n}{2^n} = \left(\frac{e}{2}\right)^n < \left(\frac{e}{2}\right)^n \left(\frac{e}{2}\right) = \left(\frac{e}{2}\right)^{n+1} = a_{n+1}$$

$$\lim_{n\to\infty} a_n = \lim_{n\to\infty} \left(\frac{e}{2}\right)^n = \infty$$

(a_n) wächst monoton und ist nicht beschränkt (Definition 7.7),
(a_n) ist damit divergent (Definition 7.9) und besitzt weder einen Grenzwert noch einen Häufungspunkt (Definition 7.10).

$$b_1 = 0,\ b_2 = \frac{3}{2},\ b_3 = -\frac{2}{3},\ b_4 = \frac{5}{4},\ b_5 = -\frac{4}{5},$$

$$|b_n| = |(-1)^n + \frac{1}{n}| \leqq 2$$

(b_n) ist beschränkt, aber nicht monoton (Definition 7.7). Es gilt

$$b_n = \begin{cases} 1 + \frac{1}{n} & \text{für} \quad \text{n geradzahlig} \\ -1 + \frac{1}{n} & \text{für} \quad \text{n ungeradzahlig} \end{cases}$$

Damit ist (b_n) divergent und besitzt keinen Grenzwert. (Definition 7.9)
Andererseits besitzt (b_n) zwei Häufungspunkte 1 und -1. (Definition 7.10)

Wegen $c_n = \frac{n(n-1)}{2n^2} \to \frac{1}{2}$ für $n \to \infty$ (Satz 7.15, Beispiel 7.16 b)
ist (c_n) konvergent mit dem Grenzwert $\frac{1}{2}$. (Definition 7.9)

Ferner ist (c_n) beschränkt und hat genau einen Häufigkeitspunkt. (Satz 7.12 c)

$$c_n \leqq c_{n+1} \iff \frac{n(n-1)}{2n^2} \leqq \frac{(n+1)n}{2(n+1)^2} \iff \frac{n-1}{2n} \leqq \frac{n}{2(n+1)}$$

$$\iff \frac{n-1}{n} \leqq \frac{n}{n+1} \iff n^2 - 1 \leqq n^2$$

Also ist (c_n) auch monoton wachsend. (Definition 7.7)

$$d_n = \sqrt{n^2+1} - n = \frac{(\sqrt{n^2+1}-n)(\sqrt{n^2+1}+n)}{\sqrt{n^2+1}+n}$$
$$= \frac{n^2+1-n^2}{\sqrt{n^2+1}+n} = \frac{1}{\sqrt{n^2+1}+n}$$

Wegen $d_n \to 0$ für $n \to \infty$ ist (d_n) konvergent mit dem Grenzwert 0. (Definition 7.9)

Ferner ist (d_n) beschränkt mit genau einem Häufigkeitspunkt. (Satz 7.12c)

$$d_n \geqq d_{n+1} \iff \frac{1}{\sqrt{n^2+1}+n} \geqq \frac{1}{\sqrt{(n+1)^2+1}+n+1}$$
$$\iff \sqrt{(n+1)^2+1}+n+1 \geqq \sqrt{n^2+1}+n$$

Also ist (d_n) auch monoton fallend. (Definition 7.7)

b) $p_n = \dfrac{\frac{n(n-1)(n-2)}{1\cdot 2\cdot 3\cdot n}}{(-1)^n n^{\frac{5}{2}}} = \dfrac{(n-1)(n-2)}{(-1)^n \cdot 6n^{\frac{5}{2}}} \to 0$ für $n \to \infty$

(Satz 7.15, Beispiel 7.16b)

$$q_n = \frac{n! - 2^n}{n^5 - 3n!} = \frac{1 - \frac{2^n}{n!}}{\frac{n^5}{n!} - 3} \to -\frac{1}{3} \text{ für } n \to \infty$$

wegen $\dfrac{2^n}{n!} \to 0$ für $n \to \infty$ (Beispiel 7.16c), $\dfrac{n^5}{n!} \to 0$ für $n \to \infty$

(Satz 7.15, Beispiel 7.16b)

Lösung zu Aufgabe 52

a) $a_0 = 2,\ a_1 = \frac{3}{2},\ a_2 = \frac{5}{4},\ a_3 = \frac{9}{8},\ \ldots$

Wir vermuten $a_n = \dfrac{2^n+1}{2^n}$

und beweisen dies mit vollständiger Induktion. (Satz 2.24)

$\mathbf{A}(0):\quad a_0 = \dfrac{2^0+1}{2^0} = 2$

$\mathbf{A}(n) \Rightarrow \mathbf{A}(n+1):\quad a_n = \dfrac{2^n+1}{2^n} \Rightarrow a_{n+1} = \dfrac{2^{n+1}+1}{2^{n+1}}$

Beweis:

$$a_{n+1} = \frac{a_n+1}{2} = \frac{\frac{2^n+1}{2^n}+1}{2} = \frac{2^n+1+2^n}{2^{n+1}} = \frac{2^{n+1}+1}{2^{n+1}}$$

Ferner gilt:

$\lim\limits_{n\to\infty} a_n = \lim\limits_{n\to\infty} \dfrac{2^n+1}{2^n} = 1$ (Definition 7.9, Beispiel 7.16b)

$$b_0 = 2,\ b_1 = 2 \cdot \frac{1}{2} = 1,\ b_2 = 1 \cdot \frac{2}{3},\ b_3 = \frac{2}{3} \cdot \frac{3}{4} = \frac{2}{4},\ b_4 = \frac{1}{2} \cdot \frac{4}{5} = \frac{2}{5},\ \dots$$

Wir vermuten $b_n = \dfrac{2}{n+1}$

und beweisen dies mit vollständiger Induktion. (Satz 2.24)

$$\mathbf{A}(1): \quad b_0 = \frac{2}{1} = 2$$

$$\mathbf{A}(n) \Rightarrow \mathbf{A}(n+1): \quad b_n = \frac{2}{n+1} \Rightarrow b_{n+1} = \frac{2}{n+2}$$

Beweis:

$$b_{n+1} = b_n \frac{n+1}{(n+1)+1} = \frac{2}{n+1} \cdot \frac{n+1}{n+2} = \frac{2}{n+2}$$

Ferner gilt:

$$\lim_{n\to\infty} b_n = \lim_{n\to\infty} \frac{2}{n+1} = 0 \qquad \text{(Definition 7.9)}$$

b) Wir überprüfen zunächst die Monotonie:

$$c_n \geqq c_{n+1} \iff c_n \geqq \frac{1}{2}c_n^2 \iff 2c_n \geqq c_n^2 \iff 2 \geqq c_n$$

Entsprechend gilt $c_n \leqq c_{n+1} \iff 2 \leqq c_n$

(c_n) fällt monoton $\iff c_n \leqq 2$ für alle $n \in \mathbb{N}$

(c_n) wächst monoton $\iff c_n \geqq 2$ für alle $n \in \mathbb{N}$ (Definition 7.7)

Damit fällt (c_n) monoton für $c_0 = 1$, bzw. wächst (c_n) monoton für $c_0 = 3$.

Ferner gilt $c_n \in [0,1]$ für $c_0 = 1$,
(c_n) ist beschränkt und damit auch konvergent. (Satz 7.12)

Für $c_0 = 3$ ist (c_n) nicht beschränkt und damit nicht konvergent.

Lösung zu Aufgabe 53

a) $a_n = \dfrac{n+1}{n^3 + e^{-n}} = \dfrac{1 + \frac{1}{n}}{n^2 + \frac{1}{ne^n}} \to 0 \Rightarrow$ (a_n) ist beschränkt und konvergent

(Definition 7.7, 7.9)

$$(b_n) = \sum_{k=1}^{n} a_k = \sum_{k=1}^{n} \frac{1 + \frac{1}{k}}{k^2 + \frac{1}{ke^k}} = \sum_{k=1}^{n} \frac{1}{k^2 + \frac{1}{ke^k}} + \sum_{k=1}^{n} \frac{\frac{1}{k}}{k^2 + \frac{1}{ke^k}}$$
$$< \sum_{k=1}^{n} \frac{1}{k^2} + \sum_{k=1}^{n} \frac{1}{k^3} = \sum_{k=1}^{n} (\frac{1}{k^2} + \frac{1}{k^3}) = \hat{b}_n$$

Die Reihe $(\hat{b}_n)$ ist Majorante zu (b_n), also ist (b_n) beschränkt und konvergent.
(Satz 7.27, Definition 7.28, Satz 7.29)

$$c_n = \sum_{k=1}^{n} b_k \quad \text{mit} \quad b_k = \sum_{i=1}^{k} a_i \ ,$$

wobei $b_1 = a_1 = \dfrac{2}{1 + e^{-1}}$, (b_n) monoton wachsend

Damit ist (b_n) keine Nullfolge und (c_n) divergent. (Satz 7.26)

b) $d_1 = \displaystyle\sum_{k=1}^{2} \frac{1}{k} = 1 + \frac{1}{2}$

Wegen
$$d_n \geqq d_{n+1} \iff \frac{1}{n} + \frac{1}{n+1} + \cdots + \frac{1}{2n} \geqq \frac{1}{n+1} + \cdots + \frac{1}{2n} + \frac{1}{2n+1} + \frac{1}{2n+2}$$
$$\iff \frac{1}{n} \geqq \frac{1}{2n+1} + \frac{1}{2n+2}$$
$$\iff \frac{1}{2n} + \frac{1}{2n} \geqq \frac{1}{2n+1} + \frac{1}{2n+2}$$

ist (d_n) monoton fallend und beschränkt, also konvergent.
(Definition 7.7, Satz 7.12)

Lösung zu Aufgabe 54

$$
\begin{aligned}
r_n &= \sum_{k=1}^{n} 6 \cdot \frac{2^k}{3^{k-1}} = \sum_{k=0}^{n-1} 6 \cdot \frac{2^{k+1}}{3^k} = 12 \cdot \sum_{k=0}^{n-1} \left(\frac{2}{3}\right)^k \\
&= 12 \cdot \frac{1-\left(\frac{2}{3}\right)^n}{1-\frac{2}{3}} = 36 \cdot \left(1-\left(\frac{2}{3}\right)^n\right) \to 36 \quad \text{für } n \to \infty
\end{aligned}
$$

(Satz 7.24)

$$
\begin{aligned}
s_n &= \sum_{k=0}^{n} \frac{2^{k+1}-10}{5^k} = \sum_{k=0}^{n} 2 \cdot \left(\frac{2}{5}\right)^k - \sum_{k=0}^{n} 10 \cdot \left(\frac{1}{5}\right)^k \\
&= 2 \cdot \frac{1-\left(\frac{2}{5}\right)^{n+1}}{1-\frac{2}{5}} - 10 \cdot \frac{1-\left(\frac{1}{5}\right)^{n+1}}{1-\frac{1}{5}} \\
&= \frac{10}{3} \cdot \left(1-\left(\frac{2}{5}\right)^{n+1}\right) - \frac{50}{4} \cdot \left(1-\left(\frac{1}{5}\right)^{n+1}\right) \\
&\to \frac{10}{3} - \frac{50}{4} = \frac{40-150}{12} = -\frac{110}{12} \quad \text{für } n \to \infty
\end{aligned}
$$

(Satz 7.24)

$$
\begin{aligned}
t_n &= \sum_{k=1}^{n} \left(\frac{1}{k} - \frac{1}{2k+1}\right) > \sum_{k=1}^{n} \left(\frac{1}{k} - \frac{1}{2k}\right) \\
&= \sum_{k=1}^{n} \frac{2-1}{2k} = \frac{1}{2} \sum_{k=1}^{n} \frac{1}{k} = \hat{t}_n
\end{aligned}
$$

Die Reihe $\left(\hat{t}_n\right)$ divergiert und ist Minorante zu (t_n),
also ist (t_n) divergent. (Satz 7.27, Definition 7.28, Satz 7.29)

$$
u_n = \sum_{k=1}^{n} (-1)^{k+1} \frac{1}{2k} = -\frac{1}{2} \sum_{k=1}^{n} (-1)^k \frac{1}{k} \to \frac{1}{2} \ln 2 \quad \text{für } n \to \infty
$$

(Satz 7.27c)

Lösung zu Aufgabe 55

a) Wir wenden das Quotientenkriterium an: (Satz 7.31)

$$\left|\frac{(k+1)^2 k!}{(k+1)!k^2}\right| = \left|\frac{k+1}{k^2}\right| < 1 \text{ für } k = 2, 3, \ldots$$

Damit konvergiert die Reihe (r_n).

b) Produktion bis Ende 1990:

$$\sum_{t=0}^{9}(10000 + t \cdot 2000) = 10\,(10000 + 2000 \cdot \frac{9}{2}) = 190000$$

(Definition 7.21, Beispiel 7.22a)

$$\text{bzw. } \sum_{t=0}^{9} 10000 \cdot 1.2^t = 10000\,\frac{1 - 1.2^{10}}{1 - 1.2} = 259586.82$$

(Definition 7.21, Beispiel 7.22b)

Ansatz für mehr als 40000 Stück pro Jahr:

$$10000 \cdot 1.2^t > 40000 \Rightarrow t \ln 1.2 > \ln 4 \Rightarrow t > \frac{\ln 4}{\ln 1.2} \approx 7.6$$

$t = 0$ entspricht dem Jahr 1981

Im Jahr 1989 wird erstmals eine Stückzahl von 40000 überschritten.

(Beispiel 7.25b)

Lösung zu Aufgabe 56

a) Wir wenden das Quotientenkriterium an: (Satz 7.31)

$$\lim_{k\to\infty}\left|\frac{a(k+1)(1+c)^k}{(1+c)^{k+1}\cdot ak}\right| = \lim_{k\to\infty}\frac{k+1}{(1+c)k} < 1 \iff 1+c>1$$

$$\iff c>0$$

b) DIN-B-0 : 1000×1414

DIN-B-1 : $\frac{1}{2}1414 \times 1000 = 707 \times 1000 = \frac{1}{\sqrt{2}}1000 \times \frac{1}{\sqrt{2}}1414$

DIN-B-2 : $\frac{1}{2}1000 \times 707 = 500 \times 707 = \frac{1}{2}1000 \times \frac{1}{2}1414$

DIN-B-3 : $\frac{1}{2}707 \times 500 = 353 \times 500 = \left(\frac{1}{\sqrt{2}}\right)^3 1000 \times \left(\frac{1}{\sqrt{2}}\right)^3 1414$

Vermutung für das DIN-B-n Format :

$$\left(\frac{1}{\sqrt{2}}\right)^n a_0 \times \left(\frac{1}{\sqrt{2}}\right)^n a_0\sqrt{2} \text{ mit } a_0 = 1000,\ a_0\sqrt{2} \approx 1414$$

Beweis mit vollständiger Induktion (Satz 2.24):

$\mathbf{A}(0)$: DIN-B-0 : $\left(\frac{1}{\sqrt{2}}\right)^0 a_0 \times \left(\frac{1}{\sqrt{2}}\right)^0 a_0\sqrt{2}$

$\mathbf{A}(n) \Rightarrow \mathbf{A}(n+1)$: DIN-B-n $\Rightarrow$ DIN-B-(n+1)

Durch Falten von DIN-B-n erhält man

DIN-B-(n+1) : $\frac{1}{2}\left(\frac{1}{\sqrt{2}}\right)^n a_0\sqrt{2} \times \left(\frac{1}{\sqrt{2}}\right)^n a_0$ bzw.

$$\left(\frac{1}{\sqrt{2}}\right)^{n+1} a_0 \times \left(\frac{1}{\sqrt{2}}\right)^{n+1} a_0\sqrt{2}$$

Daraus ergibt sich:

$$\frac{\text{Seitenlänge DIN-B-(n+1)}}{\text{Seitenlänge DIN-B-n}} = \frac{\left(\frac{1}{\sqrt{2}}\right)^{n+1} a_0\sqrt{2}}{\left(\frac{1}{\sqrt{2}}\right)^{n} a_0\sqrt{2}} = \frac{1}{\sqrt{2}}$$

DIN-B-13 : $\left(\frac{1}{\sqrt{2}}\right)^{13} 1000 \times \left(\frac{1}{\sqrt{2}}\right)^{13} 1414 = 11.0 \times 15.6$

Lösung zu Aufgabe 57

a) $c_n = \sum_{i=1}^{n} a_i = \sum_{i=1}^{n} a_1 q^{i-1}$ wegen $a_i = a_{i-1}q = \ldots = a_1 q^{i-1}$

$$= \sum_{i=0}^{n-1} a_1 q^i = a_1 \frac{1-q^n}{1-q}$$ (Beispiel 7.22b)

b) $$p_n = \frac{c_n}{c_{n-1}} = \frac{a_1 \frac{1-q^n}{1-q}}{a_1 \frac{1-q^{n-1}}{1-q}} = \frac{1-q^n}{1-q^{n-1}}$$

c) $$\lim_{n\to\infty} p_n = \lim_{n\to\infty} \frac{1-q^n}{1-q^{n-1}} = \lim_{n\to\infty} \frac{\frac{1}{q^{n-1}} - q}{\frac{1}{q^{n-1}} - 1} = q \text{ für } q > 1$$

(Definition 7.9, Beispiel 7.16b)

d) $$c_x = a_1 \frac{1-q^x}{1-q} = 2c_n = 2a_1 \frac{1-q^n}{1-q}$$

$$\iff 1 - q^x = 2(1-q^n) = 2 - 2q^n \iff q^x = 2q^n - 1$$

$$\iff x = \frac{\ln(2q^n - 1)}{\ln q} = \frac{\ln(2 \cdot 1.1^{10} - 1)}{\ln 1.1} = 15.026 \text{ für } q = 1.1 \text{ und } n = 10.$$

Lösung zu Aufgabe 58

a) f_1 ist definiert für alle $x \in \mathbf{R}$ mit $1 - 4x^2 \neq 0$, (Definition 8.25)
also für alle $x \in \mathbf{R} \setminus \{\frac{1}{2}, -\frac{1}{2}\}$

f_1 ist stetig für alle $x \in \mathbf{R} \setminus \{\frac{1}{2}, -\frac{1}{2}\}$ (Beispiel 8.55a, Satz 8.56 b,c,d)

f_2 ist definiert für alle $x \in \mathbf{R}$ mit $x - 1 \geqq 0,\ 2 - x\sqrt{x-1} \geqq 0$,
also für alle $x \in [1, 2]$ (Beispiel 8.31)

f_2 ist stetig für alle $x \in [1, 2]$ (Beispiel 8.55a, Satz 8.56 b,c,e,f)

f_3 ist definiert für alle $x > 0$ (Definition 8.43)

f_3 ist stetig für alle $x > 0$ (Satz 8.56 c,g)

b) $$\lim_{x \nearrow \frac{1}{2}} f_1(x) = \lim_{x \nearrow \frac{1}{2}} \frac{1-8x}{1-4x^2} = -\infty, \quad \lim_{x \searrow -\frac{1}{2}} f_1(x) = \infty$$

$$\lim_{x \searrow 0} f_3(x) = \lim_{x \searrow 0} e^x \ln\left(\frac{1}{x}\right) = \infty, \quad \lim_{x \nearrow \infty} f_3(x) = \lim_{x \nearrow \infty} e^x \ln\left(\frac{1}{x}\right) = -\infty$$

c) $f_2(1) = \sqrt{2}, \quad f_2(2) = 0$

Für $\varepsilon \in \langle 0, 1 \rangle$ gilt: $f_2(1+\varepsilon) = \sqrt{2 - (1+\varepsilon)\sqrt{\varepsilon}} \in \langle 0, \sqrt{2} \rangle$

Damit wird f_2 für $x = 1$ maximal, für $x = 2$ minimal.

Lösung zu Aufgabe 59

a) f ist stetig für alle $x \neq 2$ (Beispiel 8.55a, Satz 8.56 b,d,e)

$$\lim_{x \searrow 2} f(x) = \lim_{x \searrow 2} \frac{x-2}{|x-2|} = 1 \neq 0 = f(2),$$

also ist f nicht stetig für $x = 2$ (Definition 8.54, Beispiel 8.55d)

b) g ist stetig für $x \neq \pm 1$ (Beispiel 8.55a, Satz 8.56 b,c,e,f)

$$\lim_{x \searrow 1} g(x) = \lim_{x \searrow 1} \sqrt{|x| - 1} = 0 = g(1)$$

$$\lim_{x \nearrow 1} g(x) = \lim_{x \nearrow 1} \sqrt{1 - x^2} = 0 = g(1)$$

$$\lim_{x \searrow -1} g(x) = \lim_{x \searrow -1} \sqrt{1 - x^2} = 0 = g(-1)$$

$$\lim_{x \nearrow -1} g(x) = \lim_{x \nearrow -1} \sqrt{|x| - 1} = 0 = g(-1),$$

also ist g stetig für alle $x \in \mathbf{R}$ (Definition 8.54, Beispiel 8.55d)

c) h ist stetig für $x \neq 0$ (Beispiel 8.55a, Satz 8.56 e)

$$\lim_{x \searrow 0} h(x) = 1 \neq 0 = h(0),$$

also ist h nicht stetig für $x = 0$

Lösung zu Aufgabe 60

a) f ist stetig für alle $x \neq 0$ (Beispiel 8.55a, Satz 8.56 a,c)

f ist stetig für alle $x \in \mathbf{R}$, falls $\lim\limits_{x \nearrow 0} f(x) = f(0) = \lim\limits_{x \searrow 0} f(x)$, also

$\frac{1}{3} \cdot 0 + c = \ln e^c = c = \frac{1}{a} \cdot 0 + c$ (Definition 8.54)

Dies ist für alle $a \neq 0,\ c \in \mathbf{R}$ der Fall.

b) Für $a = 5,\ c = \frac{1}{2}$ gilt: $f(2) = \frac{1}{5} \cdot 4 + \frac{1}{2} = 1.3$

$$f(5) = \frac{1}{5} \cdot 25 + \frac{1}{2} = 5.5$$

Damit existiert ein $x \in [2,5]$ mit $f(x) = 3$. (Satz 8.63 b)

c) Für $x \leqq 0$ gilt $f(x) = \frac{1}{3}x + 1$ sowie

$$x_1 < x_2 \quad \Rightarrow \quad \frac{1}{3}x_1 + 1 < \frac{1}{3}x_2 + 1 \Rightarrow f(x_1) < f(x_2)$$

$$\begin{aligned} x_1 \neq x_2 \quad \Rightarrow \quad & f(\lambda x_1 + (1-\lambda)x_2) \\ &= \frac{1}{3}(\lambda x_1 + (1-\lambda)x_2) + 1 \\ &= \lambda(\frac{1}{3}x_1 + 1) + (1-\lambda)(\frac{1}{3}x_2 + 1) \\ &= \lambda f(x_1) + (1-\lambda) f(x_2) \quad \text{für } \lambda \in \langle 0,1 \rangle \end{aligned}$$

Für $x \leqq 0$ wächst f streng monoton (Definition 8.14) und ist gleichzeitig konvex und konkav (Definition 8.16).

Für $x \geqq 0$ gilt $f(x) = -x^2 + 1$.

Nach Definition 8.14, 8.16 sowie Beispiel 8.15, 8.17 ist f streng monoton fallend sowie streng konkav.

Damit ist die Funktion insgesamt konkav.

d)
$$\begin{aligned} \lim_{x \to \infty} f(x) &= \lim_{x \to \infty} (-x^2 + 1) = -\infty \\ \lim_{x \to -\infty} f(x) &= \lim_{x \to -\infty} (\frac{1}{3}x + 1) = -\infty \end{aligned}$$

Also existiert kein Minimum.

Aus der Monotonie folgt: f ist maximal für $x = 0$ mit $f(0) = 1$

Lösung zu Aufgabe 61

Durch Polynomdivision erhält man: (Beispiel 8.27)

$$\begin{array}{l}(x^5 + 5x^4 + 10x^3 + 16x^2 + 15x + 7) : (x^4 + 5x^3 + 9x^2 + 8x + 4) = x \\ \underline{x^5 + 5x^4 + 9x^3 + 8x^2 + 4x} \\ \qquad\qquad x^3 + 8x^2 + 11x + 7\end{array}$$

bzw. $q(x) = x + \dfrac{x^3 + 8x^2 + 11x + 7}{(x+2)^2(x^2+x+1)} = x + r(x)$

Für $r(x)$ existiert eine Summendarstellung der Form: (Satz 8.28)

$$\frac{x^3 + 8x^2 + 11x + 7}{(x+2)^2(x^2+x+1)} = \frac{v_1}{x+2} + \frac{v_2}{(x+2)^2} + \frac{v_3 + v_4 x}{x^2+x+1}$$

$$\Rightarrow x^3+8x^2+11x+7 = v_1(x+2)(x^2+x+1)+v_2(x^2+x+1)+v_3(x+2)^2+v_4x(x+2)^2$$

Koeffizientenvergleich:

$$\begin{array}{lclcccccccl}x^3 & : & 1 & = & v_1 & & & & & + & v_4 \quad (1) \\ x^2 & : & 8 & = & 3v_1 & + & v_2 & + & v_3 & + & 4v_4 \quad (2) \\ x^1 & : & 11 & = & 3v_1 & + & v_2 & + & 4v_3 & + & 4v_4 \quad (3) \\ x^0 & : & 7 & = & 2v_1 & + & v_2 & + & 4v_3 & & \quad\quad (4)\end{array}$$

$$\begin{array}{rrcll}(3)-(2): & 3 & = & 3v_3 & \Rightarrow v_3 = 1 \\ (2)-(1)-(4): & 0 & = & -3v_3 + 3v_4 & \Rightarrow v_4 = 1 \\ (1): & 1 & = & v_1 + v_4 & \Rightarrow v_1 = 0 \\ (4): & 7 & = & 2v_1 + v_2 + 4v_3 & \Rightarrow v_2 = 7 - 4 = 3\end{array}$$

Daraus ergibt sich die Lösung:

$$q(x) = x + \frac{3}{(x+2)^2} + \frac{1+x}{x^2+x+1}$$

Lösung zu Aufgabe 62

a) $x_1 < x_2 \;\Rightarrow\; x_1 + e^{x_1} < x_2 + e^{x_2} \;\Rightarrow\; f(x_1) < f(x_2)$,
also ist f streng monoton wachsend in $\mathbf{R}$ (Definition 8.14)
f ist stetig für alle $x \in \mathbf{R}$ (Beispiel 8.55a, Satz 8.56a,g)

b)
$$\begin{aligned} f(-1) &= -1 + e^{-1} < 0 \\ f(0) &= 0 + e^{0} = 1 > 0 \end{aligned}$$

Wegen a) besitzt f genau eine Nullstelle, diese liegt im Intervall $\langle -1, 0\rangle$.
(Satz 8.63a)

c)
$$\begin{aligned}
f(-0.5) &= -0.5 + e^{-0.5} = 0.1065 \\
f(-1) &= -1 + e^{-1} = -0.6321 \\
&\Rightarrow \langle -1, -0.5\rangle \text{ enthält Nullstelle von } f \\
f(-0.6) &= -0.6 + e^{-0.6} = -0.0512 \\
&\Rightarrow \langle -0.6, -0.5\rangle \text{ enthält Nullstelle von } f \\
f(-0.55) &= -0.55 + e^{-0.55} = 0.0270 \\
&\Rightarrow \langle -0.6, -0.55\rangle \text{ enthält Nullstelle von } f \\
f(-0.57) &= -0.57 + e^{-0.57} = -0.0045 \\
&\Rightarrow \langle -0.57, -0.55\rangle \text{ enthält Nullstelle von } f \\
f(-0.56) &= -0.56 + e^{-0.56} = 0.0112
\end{aligned}$$

$\Rightarrow \langle -0.57, 0.56\rangle$ enthält eine Nullstelle von f mit einer maximalen Abweichung von 0.01.

Lösung zu Aufgabe 63

a)
$$k(x) = \begin{cases} 80 + 2x & \text{für } x \in [0, 100] \\ a + 5x & \text{für } x \in \langle 100, 500] \\ b + x & \text{für } x \in \langle 500, 1000] \end{cases}$$

Aus der Stetigkeit von k folgt (Definition 8.54)

$$\lim_{x \searrow 100} k(x) = \lim_{x \searrow 100} (a + 5x) = a + 500 = k(100) = 280$$
$$\Rightarrow \; a = -220$$
$$\lim_{x \searrow 500} k(x) = \lim_{x \searrow 500} (b + x) = b + 500 = k(500) = -220 + 2500$$
$$\Rightarrow \; b = 1780$$

$$k(x) = \begin{cases} 80 + 2x & \text{für } x \in [0, 100] \\ -220 + 5x & \text{für } x \in [100, 500] \\ 1780 + x & \text{für } x \in [500, 1000] \end{cases}$$

$$\frac{k(x)}{x} = \begin{cases} \dfrac{80}{x} + 2 & \text{für } x \in \langle 0, 100] \\ \dfrac{-220}{x} + 5 & \text{für } x \in [100, 500] \\ \dfrac{1780}{x} + 1 & \text{für } x \in [500, 1000] \end{cases}$$

b)

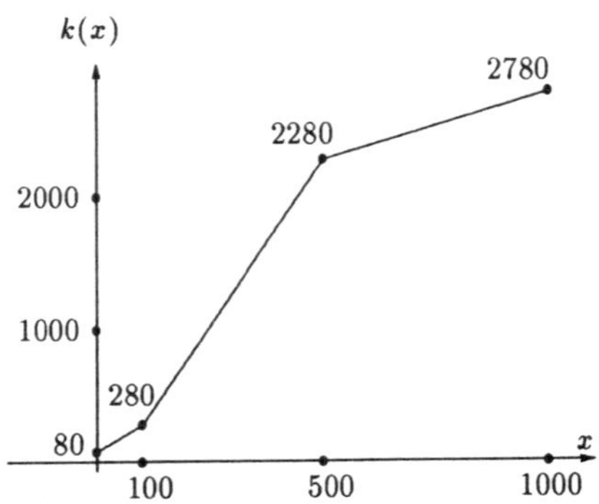

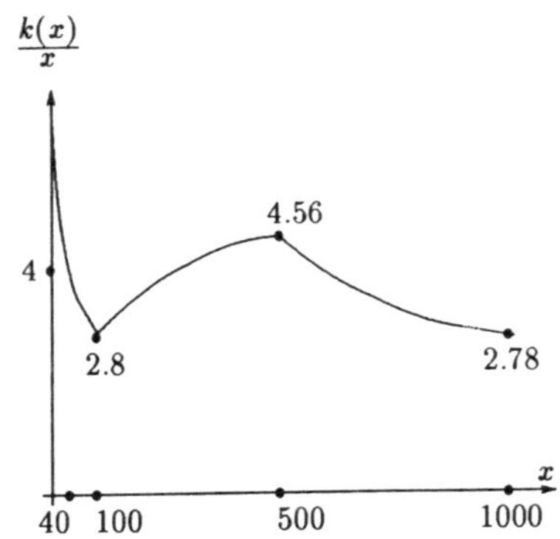

c) Unter Berücksichtigung von Definition 8.14 und Beispiel 8.15 gilt

$$x \in \langle 0, 100] \quad \Rightarrow \quad \frac{k(x)}{x} \text{ fällt monoton mit } \frac{k(100)}{100} = 2.8$$

$$x \in [100, 500] \quad \Rightarrow \quad \frac{k(x)}{x} \text{ wächst monoton mit } \frac{k(500)}{500} = 4.56$$

$$x \in [500, 1000] \quad \Rightarrow \quad \frac{k(x)}{x} \text{ fällt monoton mit } \frac{k(1000)}{1000} = 2.78$$

Die Stückkosten sind minimal für $x = 1000$ mit $\dfrac{k(1000)}{1000} = 2.78$

Lösung zu Aufgabe 64

a) Aus $s(100000) = 0.3(100000 - 5000) = 28500$ folgt:

$s(x) = 28500 + 0.5(x - 100000)$ für $x \geqq 100000$

b) Man bestimme x mit $x - s(x) \geqq 68000$.

Für $x \in [5000, 100000]$ gilt:

$$\begin{aligned} x - 0.3(x - 5000) &\geqq 68000 \\ 0.7x &\geqq 66500 \\ x &\geqq 95000 \end{aligned}$$

Da $x - s(x)$ monoton wächst, erhält man $x \geqq 95000$.

c) Nettojahreseinkommen von Herrn Fleißig:

$a = 48000 - 0.3(48000 - 5000) = 48000 - 12900 = 35100$

Nettojahreseinkommen von Herrn Clever:

$$\begin{aligned} b = 21000 - 0.3(21000 - 5000) + 21000\hat{p} &= 21000 - 4800 + 21000\hat{p} \\ &= 16200 + 21000\hat{p} \end{aligned}$$

$$\begin{aligned} a < b \quad &\Longleftrightarrow \quad 35100 < 16200 + 21000\hat{p} \\ &\Longleftrightarrow \quad 18900 < 21000\hat{p} \\ &\Longleftrightarrow \quad 0.9 < \hat{p} \end{aligned}$$

Für $p = 100\hat{p} > 90(\%)$ ist das Nettojahreseinkommen b von Herrn Clever höher.

Lösung zu Aufgabe 65

a) Mit Definition 8.20, 8.47 und Satz 8.48 gilt:

$$\begin{aligned}
g_1(x+12) &= \cos(\tfrac{\pi}{6}(x+12)) = \cos(\tfrac{\pi}{6}x+2\pi) = \cos(\tfrac{\pi}{6}x) = g_1(x)\\
g_2(x+6) &= \sin(\tfrac{\pi}{3}(x+6)+\pi) = \sin(\tfrac{\pi}{3}x+3\pi) = \sin(\tfrac{\pi}{3}x+\pi) = g_2(x)\\
f(x+12) &= \cos(\tfrac{\pi}{6}(x+12)) + \sin(\tfrac{\pi}{3}(x+12)+\pi)\\
&= \cos(\tfrac{\pi}{6}x) + \sin(\tfrac{\pi}{3}x+\pi) = f(x)
\end{aligned}$$

Damit besitzen g_1 und f die Periode 12 und g_2 die Periode 6.

b)

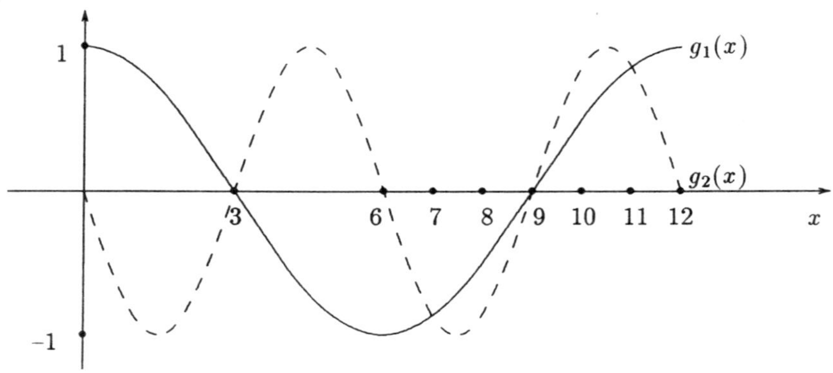

Nach Zeichnung liegt das Maximum von f bei $x = 10$ oder 11, das Minimum bei $x = 7$ oder 8 (Definition 8.9). Wir berechnen

$$\begin{aligned}
f(10) &= \cos(\tfrac{10}{6}\pi) + \sin(\tfrac{13}{3}\pi) = \cos(\tfrac{1}{3}\pi) + \sin(\tfrac{1}{3}\pi)\\
&= \frac{1}{2} + \frac{\sqrt{3}}{2} \approx 1.366\\
f(11) &= \cos(\tfrac{11}{6}\pi) + \sin(\tfrac{14}{3}\pi) = \cos(\tfrac{1}{6}\pi) + \sin(\tfrac{2}{3}\pi)\\
&= \frac{\sqrt{3}}{2} + \frac{\sqrt{3}}{2} \approx 1.732\\
f(7) &= \cos(\tfrac{7}{6}\pi) + \sin(\tfrac{10}{3}\pi) = -\cos(\tfrac{1}{6}\pi) - \sin(\tfrac{2}{3}\pi)\\
&\approx -1.732\\
f(8) &= \cos(\tfrac{8}{6}\pi) + \sin(\tfrac{11}{3}\pi) = -\cos(\tfrac{1}{3}\pi) - \sin(\tfrac{1}{3}\pi)\\
&\approx -1.366
\end{aligned}$$

Damit ist $x = 11$ maximal mit $f(11) = 1.732$, $x = 7$ minimal mit $f(7) = -1.732$.

Lösung zu Aufgabe 66

a) $$\hat{f}(x) = \begin{cases} e^{4x} & \text{für } x \geqq 0 \\ -\ln(-x+1)+1 & \text{für } x < 0 \end{cases}$$

$\hat{f}$ ist stetig für $x \neq 0$ (Beispiel 8.55a, Satz 8.56a,b,c,e,g)

$$\lim_{x \nearrow 0}(-\ln(-x+1)+1) = -\ln 1 + 1 = 1 = e^0 = \hat{f}(0)$$

Damit ist $\hat{f}$ stetig für alle $x \in \mathbf{R}$. (Definition 8.54)

b) Für $x \neq 0$ ist f differenzierbar (Satz 9.4, 9.7a,b, 9.9a, 9.11a,c)
und stetig (Satz 9.5)

Es gilt:

$$f(x) = \begin{cases} ae^{4x} & \text{für } x \geqq 0 \\ -\ln(-x+a)+b & \text{für } x < 0 \end{cases}, \quad f'(x) = \begin{cases} 4ae^{4x} & \text{für } x > 0 \\ \dfrac{1}{-x+a} & \text{für } x < 0 \end{cases}$$

Für $x = 0$ erhält man bei

Stetigkeit: $\lim\limits_{x \nearrow 0}(-\ln(-x+a)+b) = -\ln a + b, \quad \lim\limits_{x \searrow 0} ae^{4x} = ae^0 = a$

$\Rightarrow \; a = -\ln a + b$ (Definition 8.54)

Differenzierbarkeit: $\lim\limits_{x \nearrow 0}(\dfrac{1}{-x+a}) = \dfrac{1}{a}, \quad \lim\limits_{x \searrow 0} 4ae^{4x} = 4a$

$\Rightarrow \; \dfrac{1}{a} = 4a$ (Definition 9.2)

$$\Rightarrow \; a = \frac{1}{2} \text{ (wegen } a > 0\text{)}, \quad b = a + \ln a = \frac{1}{2} + \ln\frac{1}{2} = \frac{1}{2} - \ln 2$$

c) Es gilt:

$$f'(x) = \left.\begin{cases} 2e^{4x} & \text{für } x > 0 \\ \dfrac{1}{-x+\frac{1}{2}} & \text{für } x < 0 \end{cases}\right\} > 0 \text{ für alle } x \neq 0, \quad f'(0) = 2$$

$$f''(x) = \left.\begin{cases} 8e^{4x} & \text{für } x > 0 \\ \dfrac{1}{(-x+\frac{1}{2})^2} & \text{für } x < 0 \end{cases}\right\} > 0 \text{ für alle } x \neq 0$$

$$\lim_{x \nearrow 0}\left(\frac{1}{(-x+\frac{1}{2})^2}\right) = 4 \; < \; \lim_{x \searrow 0} 8e^{4x} = 8$$

Damit ist f streng monoton wachsend für alle $x \in \mathbf{R}$ (Satz 9.26d)
und streng konvex für alle $x \in \mathbf{R}$. (Satz 9.27d)

Lösung zu Aufgabe 67

f ist stetig für $x \neq 0$ (Satz 8.56b,c,d,g)

Für $x = 0$ gilt nach dem Satz von de l'Hospital: (Satz 9.15)

$$\lim_{x\to 0} \frac{e^x - x - 1}{x^2} = \lim_{x\to 0} \frac{e^x - 1}{2x} = \lim_{x\to 0} \frac{e^x}{2} = \frac{1}{2},$$

also ist f stetig für alle $x \in \mathbf{R}$.

f ist differenzierbar für $x \neq 0$ mit: (Satz 9.4, 9.7a,b,c, 9.11c)

$$f'(x) = \frac{(e^x - 1)x^2 - (e^x - x - 1)2x}{x^4} = \frac{e^x(x-2) + x + 2}{x^3}$$

Für $x = 0$ gilt: (Satz 9.15)

$$\begin{aligned} \lim_{x\to 0} \frac{e^x(x-2)+x+2}{x^3} &= \lim_{x\to 0} \frac{e^x(x-2)+e^x+1}{3x^2} = \lim_{x\to 0} \frac{e^x(x-2)+2e^x}{6x} \\ &= \lim_{x\to 0} \frac{e^x(x-2)+3e^x}{6} = \frac{1}{6} \end{aligned}$$

Damit ist f differenzierbar für alle $x \in \mathbf{R}$ und es gilt $f'(0) = \dfrac{1}{6}$.

Lösung zu Aufgabe 68

a) Nach Satz 9.30 gilt:

$$\left.\begin{aligned} f_1'(x) &= 6x^2 - 6 = 0 \Rightarrow x = \pm 1 \\ f_1''(x) &= 12x > 0 \text{ für } x = 1 \\ &\qquad\;\; < 0 \text{ für } x = -1 \end{aligned}\right\}$$

f_1 besitzt eine lokale Maximalstelle für $x = -1$ mit $f_1(-1) = 4$ und eine lokale Minimalstelle für $x = 1$ mit $f_1(1) = -4$.

Wegen $\lim\limits_{x\to\infty} f_1(x) = \infty$, $\lim\limits_{x\to-\infty} f_1(x) = -\infty$ gibt es keine globalen Extremalstellen. (Definition 8.9)

$$\left.\begin{aligned} f_2'(x) &= x^2 - 3x + 2 = 0 \Rightarrow x = 1,\ 2 \\ f_2''(x) &= 2x - 3 > 0 \text{ für } x = 2 \\ &\qquad\quad\; < 0 \text{ für } x = 1 \end{aligned}\right\}$$

f_2 besitzt eine lokale Maximalstelle für $x = 1$ mit $f_2(1) = \dfrac{5}{6} + c$ und eine lokale Minimalstelle für $x = 2$ mit $f_2(2) = \dfrac{2}{3} + c$.

Auch in diesem Fall gibt es keine globalen Extremalstellen.

b) g ist für alle $x \neq 1$ differenzierbar mit: (Satz 9.4, 9.7a,b)

$$g'(x) = \begin{cases} 6x^2 - 6 & \text{für } x < 1 \\ x^2 - 3x + 2 & \text{für } x > 1 \end{cases} \quad \text{und}$$

$$\lim_{x \nearrow 1}(6x^2 - 6) = 0 = \lim_{x \searrow 1}(x^2 - 3x + 2)$$

g ist für $x = 1$ differenzierbar, wenn g für $x = 1$ stetig ist.
Man erhält die Bedingung: (Definition 8.54)

$$\begin{aligned} \lim_{x \searrow 1} g(x) &= \lim_{x \searrow 1}\left(\frac{1}{3}x^3 - \frac{3}{2}x^2 + 2x + c\right) \\ &= \frac{5}{6} + c = g(1) = -4, \quad \text{also } c = -\frac{29}{6} \end{aligned}$$

c) Wertetabellen:

x	-2	-1	0	1	2
$f_1(x)$	-4	4	0	-4	4

x	0	1	2	3
$f_2(x)$	$-\frac{29}{6}$	-4	$-\frac{25}{6}$	$-\frac{20}{6}$

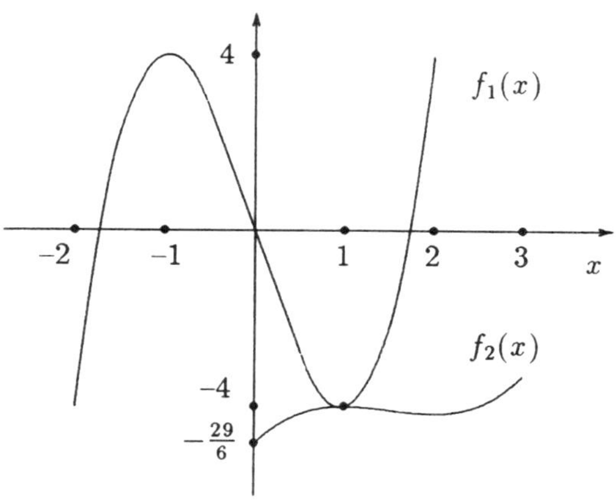

d) Mit a) und c) folgt:

g besitzt für $x = -1$ eine lokale Maximalstelle mit $g(-1) = 4$ und für $x = 2$ eine lokale Minimalstelle mit $g(2) = -\frac{25}{6}$.

g wächst monoton für $x \in (-\infty, -1] \cup [2, \infty)$ und fällt monoton für $x \in [-1, 2]$. (Satz 9.26)

Lösung zu Aufgabe 69

a) f ist zweimal differenzierbar für alle $p \in [0,5]$ mit:

$$\begin{aligned} f'(p) &= 1000(-4(p-1))e^{-2(p-1)^2} \\ f''(p) &= 1000(-4)e^{-2(p-1)^2} + 1000(-4(p-1))^2 e^{-2(p-1)^2} \end{aligned}$$

(Satz 9.4, 9.7, 9.9, 9.11, Definition 9.13)

$$f'(p) > 0 \iff -4(p-1) > 0 \iff p \in [0,1\rangle$$

$$f'(p) < 0 \iff p \in \langle 1,5]$$

Damit ist f für $p \in [0,1]$ streng monoton wachsend,
für $p \in [1,5]$ streng monoton fallend. (Satz 9.26)

$$f''(p) > 0 \iff -4 + 16(p-1)^2 > 0 \iff (p-1)^2 > \frac{1}{4}$$

$$\iff p \in [0,\frac{1}{2}\rangle \cup \langle\frac{3}{2},5]$$

$$f''(p) < 0 \iff p \in \langle\frac{1}{2},\frac{3}{2}\rangle$$

Damit ist f streng konvex für $p \in [0,\frac{1}{2}] \cup [\frac{3}{2},5]$,
streng konkav für $p \in [\frac{1}{2},\frac{3}{2}]$. (Satz 9.27)

b) Aus der Monotonie folgt:
$p = 1$ ist Maximalstelle mit $f(1) = 1000e^0 = 1000$
Ferner ist $f(0) = 1000e^{-2}$, $f(5) = 1000e^{-32}$,
also ist $p = 5$ Minimalstelle von f.
Für $p = \frac{1}{2}, \frac{3}{2}$ erhält man zwei Wendepunkte von f mit
$f(\frac{1}{2}) = 1000e^{-\frac{1}{2}} = f(\frac{3}{2})$. (Definition 9.32)

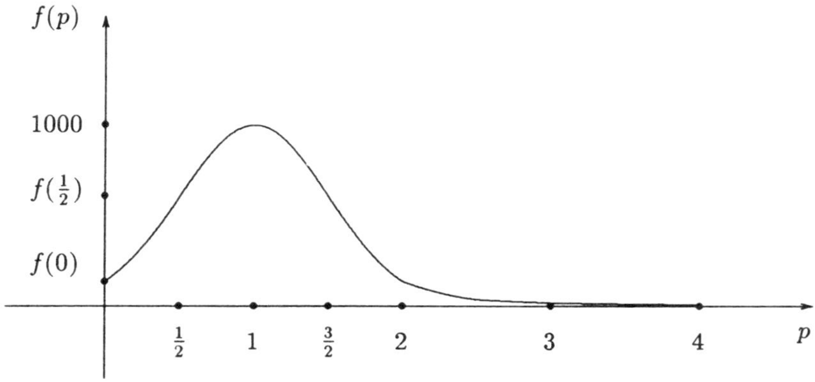

c) $\varepsilon_f(p) = \dfrac{f'(p)}{f(p)}p = \dfrac{-4000(p-1)e^{-2(p-1)^2}p}{1000e^{-2(p-1)^2}} = -4p(p-1)$

(Definition 9.20)

Wir untersuchen zunächst $|\varepsilon_f(p)| = 1$:

$$-4p(p-1) = 1 \quad \Leftrightarrow 4p^2 - 4p + 1 = 0 \Leftrightarrow p = \frac{1}{8}(4 \pm \sqrt{16-16}) = \frac{1}{2}$$
$$-4p(p-1) = -1 \quad \Leftrightarrow 4p^2 - 4p - 1 = 0 \Leftrightarrow p = \frac{1}{8}(4 \pm \sqrt{16+16}) = \frac{1 \pm \sqrt{2}}{2}$$

Daraus folgt mit $\varepsilon_f(0) = \varepsilon_f(1) = 0$

$|\varepsilon_f(p)| < 1 \quad$ für $p \in [0, \frac{1}{2}\rangle \cup \langle \frac{1}{2}, \frac{1+\sqrt{2}}{2}\rangle$

$|\varepsilon_f(p)| > 1 \quad$ für $p \in \langle \frac{1+\sqrt{2}}{2}, 5]$

Die Nachfrage reagiert auf Preise aus $\langle \frac{1+\sqrt{2}}{2}, 5]$ elastisch,

auf Preise aus $[0, \frac{1}{2}\rangle \cup \langle \frac{1}{2}, \frac{1+\sqrt{2}}{2}\rangle$ unelastisch.

Lösung zu Aufgabe 70

a) Nach Beispiel 9.21 gilt

$$\rho_f(x) = \frac{1}{2}, \quad \rho_g(x) = \frac{1}{2x}, \quad \rho_{\frac{f}{g}}(x) = \rho_f(x) - \rho_g(x) = \frac{x-1}{2x} \qquad \text{(Satz 9.22d)}$$

$$\varepsilon_f(x) = \frac{1}{2}x, \quad \varepsilon_g(x) = \frac{1}{2}, \quad \varepsilon_{fg}(x) = \varepsilon_f(x) + \varepsilon_g(x) = \frac{x+1}{2} \qquad \text{(Satz 9.23c)}$$

b) $\varepsilon_c(a) = \dfrac{c'(a)a}{c(a)} = 1 \;\Rightarrow\; c'(a)a = c(a)$

Mit $s(x) = \dfrac{c(x)}{x}$ folgt daraus:

$$x = a: \quad \varepsilon_c(x) = \frac{c'(x)x}{c(x)} = 1 \quad \Rightarrow \quad s'(x) = \frac{c'(x)x - c(x)}{x^2} = 0$$

$$x < a: \quad \varepsilon_c(x) = \frac{c'(x)x}{c(x)} < 1 \quad \Rightarrow \quad c'(x)x < c(x)$$
$$\Rightarrow \quad s'(x) = \frac{c'(x)x - c(x)}{x^2} < 0$$

$$x > a: \quad \varepsilon_c(x) = \frac{c'(x)x}{c(x)} > 1 \quad \Rightarrow \quad c'(x)x > c(x)$$
$$\Rightarrow \quad s'(x) > 0$$

Die Stückkostenfunktion s wächst für $x \geqq a$ und fällt für $x \leqq a$ streng monoton (Satz 9.26), also wird sie für $x = a$ minimal.

Lösung zu Aufgabe 71

a)
$$\begin{aligned} g(p) &= \text{Umsatz - Kosten } = px - c(x) \\ &= 1300p - \frac{1}{3}p^3 - 10p^2 - 30(1300 - \frac{1}{3}p^2 - 10p) - \frac{2000}{3} \\ &= 1600p - \frac{1}{3}p^3 - 39000 - \frac{2000}{3} \quad \text{für } p \in [0,45] \\ g(p) &= -\frac{2000}{3} \quad \text{sonst} \end{aligned}$$

b) Unter Berücksichtigung von Satz 9.30 erhalten wir für $p \in [0,45]$

$$\begin{aligned} g'(p) &= 1600 - p^2 = 0 \iff p = 40 \\ g''(p) &= -2p < 0 \quad \text{für } p = 40 \end{aligned}$$

Der Gewinn wird maximal für $p = 40$ mit

$$g(40) = 64000 - \frac{64000}{3} - 39000 - \frac{2000}{3} = 3000$$

c) Wegen $g'(p) > 0$ für $p < 40$, $g'(p) < 0$ für $p > 40$
ist der Gewinn für $p \in [0,40]$ streng monoton wachsend, für $p \in [40,45]$ streng monoton fallend. (Satz 9.26)

Wegen $g''(p) = -2p < 0$ für $p \in \langle 0,45 \rangle$ ist g für alle $p \in [0,45]$ streng konkav. (Satz 9.27)

Lösung zu Aufgabe 72

a) Maximalabsatz: $x = 20$ für $p = 0$
Kosten: $k(20) = 20 \cdot c(20) = 40$
Minimalabsatz: $x = 0$ für $p \geqq 10$ mit $k(0) = 0$

b) $x = -2p + 20 \leqq 10 \Rightarrow 10 \leqq 2p \Rightarrow p \geqq 5$

c) $p \in [0, 10\rangle \Rightarrow x \in \langle 0, 20]$

$$\begin{aligned} g(p) &= xp - xc(x) \\ &= -2p^2 + 20p - (-2p + 20)(2p - 20 + 12) \\ &= 2p^2 - 36p + 160 \quad \text{für } x \in \langle 0, 10] \text{ bzw. } p \in [5, 10\rangle \\ g(p) &= -2p^2 + 20p - (-2p + 20)2 \\ &= -2p^2 + 24p - 40 \quad \text{für } x \in \langle 10, 20] \text{ bzw. } p \in [0, 5\rangle \end{aligned}$$

d) Unter Berücksichtigung von Satz 9.30 erhalten wir für $p \in \langle 5, 10\rangle$:

$$\begin{aligned} g'(p) &= 4p - 36 = 0 \iff p = 9 \\ g''(p) &= 4 > 0 \end{aligned}$$

Der Preis $p = 9$ beschreibt ein lokales Gewinnminimum.

Andererseits gilt für $p \in \langle 0, 5\rangle$:

$g'(p) = -4p + 24 > 0$

Die Funktion wächst streng monoton für $p \in [0, 5]$. (Satz 9.26)

Für ein Gewinnmaximum kommen die Werte $p = 5$, $p = 10$ in Frage:

$$\begin{aligned} g(5) &= 50 - 180 + 160 = 30 \\ g(10) &= 200 - 360 + 160 = 0 \end{aligned}$$

Der gewinnmaximale Preis ist $p = 5$ und das Gewinnmaximum $g(5) = 30$.

Lösung zu Aufgabe 73

a)
$$\begin{aligned} g(z) &= 70z^2 + 4560z + 27000 \\ f(x) &= 70\frac{(x-80000)^2}{10^8} + 4560\frac{x-80000}{10^4} + 27000 \\ f'(x) &= 140 \cdot 10^{-8}(x-80000) + 4560 \cdot 10^{-4} \\ &= 0.0000014x - 0.112 + 0.456 = 0.0000014x + 0.344 \end{aligned}$$

(Satz 9.4, 9.7)

b) $f'(x)$ wird minimal für $x = 80000$, maximal für $x = 130000$

$$\begin{aligned} f'(80000) &= 0.112 + 0.344 = 0.456 \\ f'(130000) &= 0.182 + 0.344 = 0.526 \\ f'(x) &= 0.0000014x + 0.344 = 0.5 \\ &\Rightarrow 10^{-7} \cdot 14x = 0.156 \Rightarrow x = \frac{1560000}{14} = 111428.57 \end{aligned}$$

c)
$$\begin{aligned} \varepsilon_f(100000) &= \frac{f'(100000)}{f(100000)}100000 \qquad \text{(Definition 9.20)} \\ &= \frac{0.14 + 0.344}{70 \cdot 4 + 4560 \cdot 2 + 27000} \cdot 100000 \\ &= \frac{48400}{36400} \approx 1.33 \end{aligned}$$

Der Wert $\varepsilon_f(100000) = 1.33$ entspricht der Veränderung der Einkommensteuer für ein Einkommen von $x = 100000$ bezogen auf die Durchschnittssteuer oder dem Quotienten aus relativer Änderung der Steuer zur relativen Änderung des Einkommens. Wegen $\varepsilon_f(100000) > 1$ reagiert die relative Änderung der Einkommensteuer überproportional auf eine relative Änderung des Einkommens $x = 100000$.

Lösung zu Aufgabe 74

a) $f'(x) = x^3 - 2x^2 + 3x - 4 \;=\; -2$ für $x = 1$
$\qquad\qquad\qquad\qquad\qquad\quad\;\; = \;\; 2$ für $x = 2$

In $[1,2]$ liegt eine Nullstelle von f'. (Satz 8.63)

$$f''(x) = 3x^2 - 4x + 3 = 2x^2 - 4x + 2 + x^2 + 1$$
$$= 2(x-1)^2 + x^2 + 1 > 0 \text{ für alle } x \in \mathbf{R}$$

Damit wächst f' streng monoton in $\mathbf{R}$ (Satz 9.26) und f' besitzt genau eine Nullstelle, die in $[1,2]$ liegt.

Wegen $f''(x) > 0$ für alle x ist diese Nullstelle eine lokale Minimalstelle von f. (Satz 9.30)

b) Zur Berechnung der Nullstelle von f' verwenden wir den Satz 9.34.
Wegen $f'''(x) = 6x - 4 > 0$ für alle $x \in [1,2]$ liegt in Satz 9.34 der Fall i) vor.
Mit der Startlösung $x_0 = 2$ gilt:

$$x_1 = x_0 - \frac{f'(x_0)}{f''(x_0)} = 2 - \frac{2}{7} = \frac{12}{7}$$

$$|x_1 - z| \leqq \left|\frac{f'(\frac{12}{7})}{f''(1)}\right| = \left|\frac{0.3032}{2}\right| = 0.1516 > 0.1$$

$$x_2 = x_1 - \frac{f'(x_1)}{f''(x_1)} = \frac{12}{7} - \frac{0.3032}{4.959} = 1.65$$

$$|x_2 - z| \leqq \left|\frac{f'(1.65)}{f''(1)}\right| = \left|\frac{-0.003}{2}\right| = 0.0015 < 0.1$$

Der gesuchte Näherungswert ist $x_2 = 1.65$.

Lösung zu Aufgabe 75

f ist definiert und differenzierbar für alle $x > -1$ (Satz 9.4, 9.7, 9.9, 9.11)

$$f'(x) = \frac{1}{1+x} - 1 + x - x^2 = 0$$

$$\iff 1 - 1 - x + x(1+x) - x^2(1+x) = -x^3 = 0 \iff x = 0$$

$$f''(x) = \frac{-1}{(1+x)^2} + 1 - 2x = 0$$

$$\iff -1 + 1 + 2x + x^2 - 2x - 4x^2 - 2x^3 = -3x^2 - 2x^3 = 0 \iff x = 0$$

$$f'''(x) = \frac{2}{(1+x)^3} - 2 \Rightarrow f'''(0) = 0$$

$$f^{(4)}(x) = \frac{-6}{(1+x)^4} < 0 \text{ für alle } x > -1$$

Daraus folgt nach Satz 9.46a :

$x = 0$ ist lokale Maximalstelle von f mit $f(0) = 0$

Wegen $f'(x) > 0 \iff -x^3 > 0 \iff x < 0$
wächst f streng monoton für alle $x \in \langle -1, 0]$ bzw. fällt f streng monoton für alle $x \geqq 0$. (Satz 9.26)

Ferner gilt: $\lim\limits_{x \searrow -1} f(x) = -\infty$

Wegen $f''(x) < 0 \iff -x^2(3+2x) < 0 \iff x \in \langle -1, 0\rangle \cup \langle 0, \infty\rangle$ ist f für alle $x > -1$ streng konkav. (Satz 9.27)

Damit ist $x = 0$ auch globale Maximalstelle, es existiert weder eine Minimalstelle noch ein Wendepunkt. (Satz 9.46, 9.47)

Lösung zu Aufgabe 76

a) Wir bestimmen die Konvergenzradien für (Satz 9.42)

$$(p_n(x)): \quad r = \lim_{n\to\infty} \frac{5^{n+1}}{5^n} = 5$$

$$(q_n(x)): \quad r = \lim_{n\to\infty} \frac{n+1}{n} = 1$$

Damit konvergiert $(p_n(x))$ für alle $|x+2| < 5$ bzw. $x \in \langle -7, 3\rangle$ und $(q_n(x))$ für alle $|x^2-1| < 1$ bzw. $x \in \langle -\sqrt{2}, \sqrt{2}\rangle$. (Definition 9.41)

Ferner sind die Reihen $(p_n(-7))$ bzw. $(p_n(3))$ wegen $p_n(-7) = \sum\limits_{k=0}^{n} (-1)^k$ und $p_n(3) = \sum\limits_{k=0}^{n} 1^k$ divergent.

Die Reihe $(q_n(x))$ konvergiert auch für $x = \pm\sqrt{2}$, da die Reihe $\left(\sum\limits_{k=1}^{n} \frac{(-1)^k}{k}\right)$ konvergiert. (Satz 7.27c)

b) Es gilt: $\ln(1+x) = \sum\limits_{k=1}^{\infty} (-1)^{k-1}\frac{x^k}{k} \quad x \in \langle -1, 1]$ (Satz 9.44)

$$= \sum_{k=1}^{n} (-1)^{k-1}\frac{x^k}{k} + r_{n+1}(x)$$ (Satz 9.37)

$$\begin{aligned}
n=1: &\quad \ln 1.5 = 0.5 + r_2(x) \\
n=2: &\quad \ln 1.5 = 0.5 - \frac{0.25}{2} + r_3(x) = 0.375 + r_3(x) \\
n=3: &\quad \ln 1.5 = 0.375 + \frac{0.125}{3} + r_4(x) = 0.417 + r_4(x) \\
n=4: &\quad \ln 1.5 = 0.417 - \frac{0.0625}{4} + r_5(x) = 0.401 + r_5(x) \\
n=5: &\quad \ln 1.5 = 0.401 + \frac{0.03125}{5} + r_6(x) = 0.407 + r_6(x)
\end{aligned}$$

Wir erhalten die alternierende Folge 0.5, 0.375, 0.417, 0.401, 0.407, ... (Definition 7.7)

Damit gilt $\ln 1.5 \approx 0.40$.

Lösung zu Aufgabe 77

a) $$f(rx_1, rx_2, rx_3) = \sqrt{(rx_1)^2 + 2(rx_2)^2 + 3(rx_3)^2 - rx_1(rx_2 + rx_3)}$$
$$= r\sqrt{x_1^2 + 2x_2^2 + 3x_3^2 - x_1(x_2 + x_3)}$$
$$= r\, f(x_1, x_2, x_3) \qquad \text{(Definition 8.34)}$$
Gleichzeitige Erhöhung aller Faktorquantitäten auf das r-fache bewirkt eine Erhöhung der Produktquantität auf das r-fache.

b) Analog zu Beispiel 10.7b erhält man für $x_1 = x_2 = x_3 = 100$:
$$f_{x_1}(\mathbf{x}) = \frac{2x_1 - (x_2 + x_3)}{2\,f(\mathbf{x})} = \frac{200 - 200}{2\sqrt{40000}} = 0$$
$$f_{x_2}(\mathbf{x}) = \frac{4x_2 - x_1}{2\,f(\mathbf{x})} = \frac{400 - 100}{2\sqrt{40000}} = 0.75$$
$$f_{x_3}(\mathbf{x}) = \frac{6x_3 - x_1}{2\,f(\mathbf{x})} = \frac{600 - 100}{2\sqrt{40000}} = 1.25$$
Bei gleichzeitiger Konstanthaltung der übrigen Produktionsfaktoren ergibt sich für $x_1 = 100$ die Steigung 0 des Produktionsniveaus, für $x_2 = 100$ die Steigung 0.75, für $x_3 = 100$ die Steigung 1.25.
$$\frac{\partial x_3}{\partial x_2} = -\frac{f_{x_2}(100,100,100)}{f_{x_3}(100,100,100)} = -\frac{0.75}{1.25} = -0.6 \qquad \text{(Beispiel 10.16)}$$
Für $x_1 = x_2 = x_3 = 100$ ergibt sich das Produktionsniveau 200, das durch geeignete Faktorsubstitution erhalten werden kann. Wird der zweite Faktor um 1 Einheit erhöht, so kann der dritte Faktor um 0.6 Einheiten gesenkt werden.

c) $$\varrho_{f,x_1}(100,100,100) = \varepsilon_{f,x_1}(100,100,100) = 0$$
$$\varrho_{f,x_3}(100,100,100) = \frac{f_{x_3}(100,100,100)}{f(100,100,100)} = \frac{1.25}{\sqrt{40000}} = 0.00625$$
$$\varepsilon_{f,x_3}(100,100,100) = 100 \cdot 0.00625 = 0.625 \qquad \text{(Definition 10.6)}$$

Lösung zu Aufgabe 78

a) $f(100,100) = 10 \cdot 10 - 20 \ln 101 + 50 \approx 242$

$$f_{x_1}(x_1,x_2) = \frac{10}{2\sqrt{x_1}} \;\Rightarrow\; f_{x_1}(100,100) = \frac{10}{2\sqrt{100}} = 0.5$$

$$f_{x_2}(x_1,x_2) = \frac{20}{x_2+1} \;\Rightarrow\; f_{x_2}(100,100) = \frac{20}{100+1} \approx 0.2$$

$$\varrho_{f,x_1}(100,100) \approx 0.002, \quad \varepsilon_{f,x_1}(100,100) \approx 0.2$$

$$\varrho_{f,x_2}(100,100) \approx 0.0008, \quad \varepsilon_{f,x_2}(100,100) \approx 0.08 \qquad \text{(Definition 10.6)}$$

b) $$\mathbf{r}^T = (1,2): \; grad\, f(100,100)^T \mathbf{r} = (0.5, 0.2)\begin{pmatrix}1\\2\end{pmatrix} = 0.9$$

$$\mathbf{r}^T = (2,1): \; grad\, f(100,100)^T \mathbf{r} = (0.5, 0.2)\begin{pmatrix}2\\1\end{pmatrix} = 1.2 \quad \text{(Definition 10.9)}$$

Die Richtung $(1,2)$ bewirkt einen Absatzzuwachs von 0.9,
die Richtung $(2,1)$ einen Absatzzuwachs von 1.2.

Wird das Budget x_1 doppelt so stark erhöht wie das Budget x_2, so ist dies für die Absatzwirkung wegen $1.2 > 0.9$ günstiger als eine Erhöhung des Budgets x_2 um das Doppelte von Budget x_1.

c) Grenzrate der Substitution (Beispiel 10.16):

$$-1 = -\frac{f_{x_1}(x_1,x_2)}{f_{x_2}(x_1,x_2)} = \frac{-10(x_2+1)}{2\sqrt{x_1}\cdot 20} = \frac{-(x_2+1)}{4\sqrt{x_1}} \iff 4\sqrt{x_1} = x_2 + 1$$

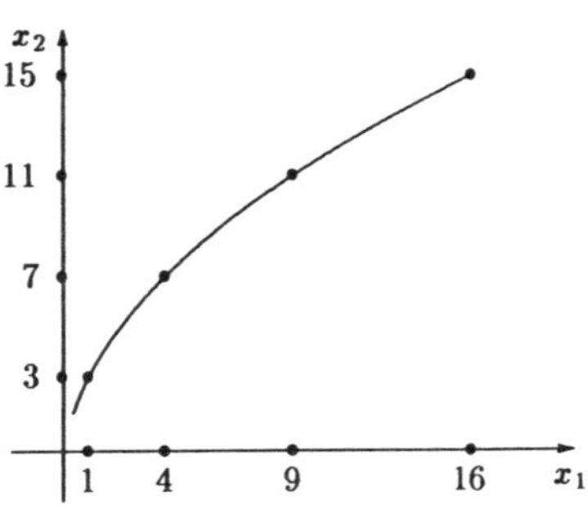

Die Absatzzuwächse bei steigendem Budget x_1 bzw. x_2 sind gleich für alle $(x_1,x_2) > 0$ mit $x_2 = 4\sqrt{x_1} - 1$, z.B. $(x_1,x_2) = (1,3), (4,7), (9,11) \ldots$ Der Quotient $\frac{x_2}{x_1}$ fällt für steigendes x_1.

d) Mit Definition 10.24 erhalten wir entsprechend Beispiel 10.26

$$\tilde{\Delta} f(100,100) = f_{x_1}(100,100)\Delta x_1 + f_{x_2}(100,100)\Delta x_2 \approx 0.5 + 0.2 = 0.7$$

$$\begin{aligned}\Delta f(100,100) &= 10\sqrt{101} + 20\ln 102 - 10\sqrt{100} - 20 \ln 101\\ &\approx 192.9982 - 192.3024 = 0.6958\end{aligned}$$

Lösung zu Aufgabe 79

a) Unter Berücksichtigung von Satz 10.29 berechnen wir:

$$f_{x_1}(x_1,x_2,x_3) = -8x_1 + 4x_2 = 0 \iff x_1 = \frac{1}{2}x_2$$

$$f_{x_2}(x_1,x_2,x_3) = -4x_2 + 4x_1 + x_3 = 0$$

$$f_{x_3}(x_1,x_2,x_3) = -x_3 + x_2 + 100 = 0 \iff x_3 = x_2 + 100$$

$$\Rightarrow\ -4x_2 + 4x_1 + x_3 = -4x_2 + 2x_2 + x_2 + 100 = 0 \iff x_2 = 100$$

$$grad\, f(\mathbf{x}) = 0 \iff (x_1,x_2,x_3) = (50,100,200)$$

$$f_{x_1x_1}(\mathbf{x}) = -8,\quad f_{x_2x_2}(\mathbf{x}) = -4,\quad f_{x_3x_3}(\mathbf{x}) = -1,$$

$$f_{x_1x_2}(\mathbf{x}) = 4,\quad f_{x_1x_3}(\mathbf{x}) = 0,\quad f_{x_2x_3}(\mathbf{x}) = 1$$

$$\Rightarrow\ \mathrm{H}(\mathbf{x}) = \begin{pmatrix} -8 & 4 & 0 \\ 4 & -4 & 1 \\ 0 & 1 & -1 \end{pmatrix} \text{ mit } \begin{array}{rcl} \det \mathrm{H}_1(\mathbf{x}) & = & -8 \\ \det \mathrm{H}_2(\mathbf{x}) & = & 16 \\ \det \mathrm{H}_3(\mathbf{x}) & = & -8 \end{array}$$

und $\mathrm{H}(\mathbf{x})$ ist negativ definit für alle $\mathbf{x} \in \mathbf{R}^3$ (Satz 6.38)

$\Rightarrow$ $\mathbf{x}^T = (50,100,200)$ ist globale und damit auch lokale Maximalstelle (Satz 10.29)

Eine lokale bzw. globale Minimalstelle existiert nicht.

Ferner ist f streng konkav im $\mathbf{R}^3$. (Satz 10.32)

b) Unter Berücksichtigung von Satz 10.11 berechnen wir mit $x_2 = 0$:

$$f_{x_1}(\mathbf{x}) \geqq 0 \iff x_1 \leqq 0$$

$$f_{x_2}(\mathbf{x}) \geqq 0 \iff 4x_1 + x_3 \geqq 0 \iff x_3 \geqq -4x_1 \geqq 0$$

$$f_{x_3}(\mathbf{x}) \geqq 0 \iff x_3 \leqq 100$$

f wächst monoton in $\{(x_1,0,x_3) \in \mathbf{R}^3 : 0 \leqq -4x_1 \leqq x_3 \leqq 100\}$

Lösung zu Aufgabe 80

Unter Berücksichtigung von Satz 10.32 berechnen wir:

$$
\begin{array}{lll}
f_{x_1}(\mathbf{x}) = -6x_1 + 2x_3 - 2, & f_{x_2}(\mathbf{x}) = x_2^2, & f_{x_3}(\mathbf{x}) = -x_3 + 2x_1 + 1 \\
f_{x_1x_1}(\mathbf{x}) = -6, & f_{x_2x_2}(\mathbf{x}) = 2x_2, & f_{x_3x_3}(\mathbf{x}) = -1, \\
f_{x_1x_2}(\mathbf{x}) = 0, & f_{x_1x_3}(\mathbf{x}) = 2, & f_{x_2x_3}(\mathbf{x}) = 0
\end{array}
$$

$$
\Rightarrow \mathtt{H}(\mathbf{x}) = \begin{pmatrix} -6 & 0 & 2 \\ 0 & 2x_2 & 0 \\ 2 & 0 & -1 \end{pmatrix} \text{ mit } \begin{array}{lcl} \det \mathtt{H}_1(\mathbf{x}) & = & -6 \\ \det \mathtt{H}_2(\mathbf{x}) & = & -12x_2 \\ \det \mathtt{H}_3(\mathbf{x}) & = & 12x_2 - 8x_2 = 4x_2 \end{array}
$$

$\mathtt{H}(\mathbf{x})$ ist negativ definit für $\det \mathtt{H}_2(\mathbf{x}) = -12x_2 > 0$, $\det \mathtt{H}_3(\mathbf{x}) = 4x_2 < 0$, also $x_2 < 0$ (Satz 6.38). Damit ist f in $\{\mathbf{x} \in \mathbf{R}^3 : x_2 < 0\}$ streng konkav.

Wir überprüfen die Semidefinitheit mit Hilfe der Eigenwerte: (Satz 6.35)

$$
\det \begin{pmatrix} -6-\lambda & 0 & 2 \\ 0 & 2x_2 - \lambda & 0 \\ 2 & 0 & -1-\lambda \end{pmatrix} = (6+\lambda)(1+\lambda)(2x_2 - \lambda) - 4(2x_2 - \lambda)
$$
$$
= (2x_2 - \lambda)(2 + 7\lambda + \lambda^2) = 0
$$

$$
\lambda^2 + 7\lambda + 2 = 0 \iff \lambda = -\frac{1}{2}(7 \pm \sqrt{49-8}) = -\frac{1}{2}(7 \pm \sqrt{41}) < 0
$$

Damit ist f nirgends positiv semidefinit oder positiv definit, also auch nirgends konvex.

Sei nun $\mathbf{x}^* \in \mathbf{R}^3$ lokale Extremalstelle

$$
\Rightarrow \mathit{grad}\, f(\mathbf{x}^*) = 0 \text{ (Satz 10.27)} \Rightarrow \mathbf{x}^* = (0,0,1) \text{ mit } f(\mathbf{x}^*) = \frac{1}{2} - e^{\pi}
$$

Andererseits gilt für beliebiges $a > 0$:

$$
f(0,a,1) = \frac{1}{3}a^3 + f(\mathbf{x}^*) > f(\mathbf{x}^*) > -\frac{1}{3}a^3 + f(\mathbf{x}^*) = f(0,-a,1)
$$

Also besitzt f weder lokale Minimal- noch Maximalstellen.

Lösung zu Aufgabe 81

a)
$$\begin{aligned}
g_1(p_1,p_2) &= p_1x_1 - c_1(x_1)\\
&= 100p_1 - 2p_1^2 - p_1p_2 - 120 - 200 + 4p_1 + 2p_2\\
&= -2p_1^2 - p_1p_2 + 104p_1 + 2p_2 - 320\\
g_2(p_1,p_2) &= p_2x_2 - c_2(x_2)\\
&= 120p_2 - p_1p_2 - 3p_2^2 - 120 - 240 + 2p_1 + 6p_2\\
&= -3p_2^2 - p_1p_2 + 2p_1 + 126p_2 - 360\\
g(p_1,p_2) &= -2p_1^2 - 2p_1p_2 - 3p_2^2 + 106p_1 + 128p_2 - 680
\end{aligned}$$

b) Unter Berücksichtigung von Satz 10.29 berechnen wir:

$$g_{p_1}(\mathbf{p}) = -4p_1 - 2p_2 + 106 = 0$$

$$g_{p_2}(\mathbf{p}) = -2p_1 - 6p_2 + 128 = 0$$

$$g_{p_1}(\mathbf{p}) - 2g_{p_2}(\mathbf{p}) = 10p_2 - 150 = 0 \;\Rightarrow\; p_2 = 15,\; p_1 = 19$$

$$g_{p_1p_1}(\mathbf{p}) = -4, \quad g_{p_1p_2}(\mathbf{p}) = -2, \quad g_{p_2p_2}(\mathbf{p}) = -6,$$

$$\mathtt{H}(\mathbf{p}) = \begin{pmatrix} -4 & -2 \\ -2 & -6 \end{pmatrix} \text{ mit } \det \mathtt{H}_1(\mathbf{p}) = -4,\; \det \mathtt{H}_2(\mathbf{p}) = 20$$

Mit dem Preisvektor $(19, 15)$ wird der gemeinsame Gewinn maximal:

$$g(19,15) = -722 - 570 - 675 + 2014 + 1920 - 680 = 1287$$

c) $g_1(p_1, 16) = -2p_1^2 + 88p_1 - 288 = \hat{g}_1(p_1)$

Nach Satz 9.30 gilt:

$$\left.\begin{aligned}
\hat{g}_1'(p_1) &= -4p_1 + 88 = 0 \iff p_1 = 22\\
\hat{g}_1''(p_1) &= -4 < 0
\end{aligned}\right\} \begin{array}{l} p_1 = 22 \text{ maximiert } \hat{g}_1 \\ \text{mit } \hat{g}_1(22) = 680 \end{array}$$

d) Da der Preis von $p_1 = 19$ auf $p_1 = 22$ ansteigt, ist es für die Käufer vorteilhaft, wenn der Konflikt beigelegt wird.

Lösung zu Aufgabe 82

a) Entsprechend Beispiel 10.35 berechnen wir:

$$\sum_{t=1}^{10} t = 55, \quad \sum_{t=1}^{10} t^2 = 385 \text{ (Beispiel 2.25)}$$

$$\sum_{t=1}^{10} y(t) = 140, \quad \sum_{t=1}^{10} t\,y(t) = 836, \quad n = 10$$

und erhalten die Normalgleichungen

$$\left.\begin{array}{rcrcr} 10a & + & 55b & = & 140 \\ 55a & + & 385b & = & 836 \end{array}\right\} \Rightarrow b = 0.8,\ a = 9.6$$

und damit die lineare Beziehung $y(t) = 9.6 + 0.8t$.

b)

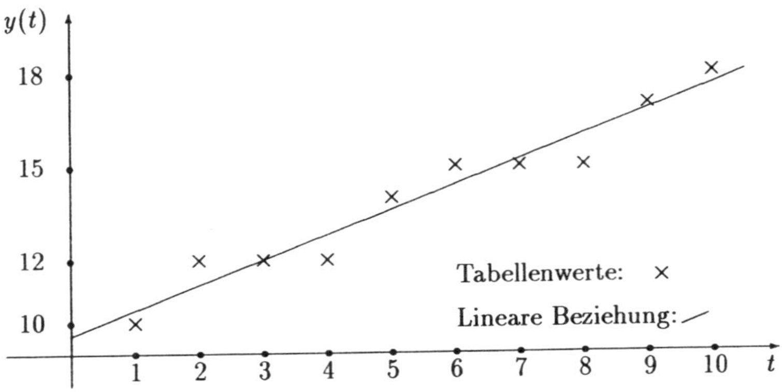

c) Mit Definition 9.20, 8.14 erhält man:

$$\varrho_y(t) = \frac{y'(t)}{y(t)} = \frac{0.8}{9.6 + 0.8t} \quad \text{fällt monoton gegen 0}$$

$$\varepsilon_y(t) = \frac{y'(t)\cdot t}{y(t)} = \frac{0.8t}{9.6 + 0.8t} \quad \text{wächst monoton gegen 1}$$

d)
$$\begin{aligned} y(11) &= 9.6 + 8.8 = 18.4 \\ y(12) &= 9.6 + 9.6 = 19.2 \end{aligned}$$

Lösung zu Aufgabe 83

a) Unter Berücksichtigung von Satz 10.39, 10.40 bestimmen wir:

$$L(x_1, x_2, \lambda) = x_1 x_2 + \lambda(x_1^2 + x_2 - 3)$$

$$L_{x_1}(\mathbf{x}, \lambda) = x_2 + 2\lambda x_1 = 0, \quad L_{x_2}(\mathbf{x}, \lambda) = x_1 + \lambda = 0$$

$$L_\lambda(\mathbf{x}, \lambda) = x_1^2 + x_2 - 3 = 0$$

$$\Rightarrow \; L_{x_1}(\mathbf{x}, \lambda) - 2x_1 L_{x_2}(\mathbf{x}, \lambda) = x_2 - 2x_1^2 = 0 \iff x_2 = 2x_1^2$$

$$\Rightarrow \; L_\lambda(\mathbf{x}, \lambda) = x_1^2 + 2x_1^2 - 3 = 0 \;\Rightarrow\; x_1^2 = 1, \; x_2 = 2$$

$$\Rightarrow \; (x_1, x_2, \lambda) = (1, 2, -1), \; (-1, 2, 1)$$

$\hat{\mathrm{H}}(\mathbf{x}, \lambda) = \begin{pmatrix} 2\lambda & 1 \\ 1 & 0 \end{pmatrix}$ ist für $\lambda = \pm 1$ indefinit

Nach Satz 10.42 erhalten wir für $\lambda = -x_1$:

$$\hat{L}(x_1, x_2) = x_1 x_2 - x_1^3 - x_1 x_2 + 3x_1 = 3x_1 - x_1^3$$

$$\hat{L}_{x_1}(x_1, x_2) = 3 - 3x_1^2 = 0 \iff x_1 = \pm 1$$

$$\hat{L}_{x_1 x_1}(x_1, x_2) = -6x_1 \begin{array}{l} < 0 \text{ für } x_1 = 1 \\ > 0 \text{ für } x_1 = -1 \end{array}$$

Der Wert $(x_1, x_2) = (1, 2)$ ist lokal maximal mit $f(1, 2) = 2$.

Andererseits ist:

$\max \{f(x_1, x_2) : g(x_1, x_2) = 0\} = \max \{x_1 x_2 : x_1^2 + x_2 - 3 = 0\}$

$= \max (x_1(3 - x_1^2)) = \max (3x_1 - x_1^3) \quad \to \infty$ für $x_1 \to -\infty$

b) $x_2 = x_1^2 \;\Rightarrow\; g(x_1, x_2) = x_2 + x_2 - 3 = 0 \iff x_2 = \dfrac{3}{2} \;\Rightarrow\; x_1 = \pm\sqrt{\dfrac{3}{2}}$

Der Wert $(x_1, x_2) = (\sqrt{\frac{3}{2}}, \frac{3}{2})$ ist maximal mit $f(\sqrt{\frac{3}{2}}, \frac{3}{2}) = \dfrac{3\sqrt{3}}{2\sqrt{2}}$.

Lösung zu Aufgabe 84

a) Zu lösen ist das Problem (Beispiel 10.44b)

$\min\{2x_1 + 2x_2 + x_3 : x_1x_2x_3 = 2000\}$.

Geht man wie in der Lösung der Aufgabe 83 nach Satz 10.39, 10.40 vor, so erhält man eine indefinite Hessematrix. Unter Berücksichtigung von Satz 10.42 gilt.

$$\begin{aligned}
L(\mathbf{x},\lambda) &= 2x_1 + 2x_2 + x_3 + \lambda(x_1x_2x_3 - 2000)\\
L_{x_1}(\mathbf{x},\lambda) &= 2 + \lambda x_2x_3 = 0 \ \Rightarrow\ \lambda = \frac{-2}{x_2x_3}\\
\hat{L}(\mathbf{x}) &= 2x_1 + 2x_2 + x_3 - \frac{2}{x_2x_3}(x_1x_2x_3 - 2000)\\
&= 2x_2 + x_3 + \frac{4000}{x_2x_3}\\
\hat{L}_{x_2}(\mathbf{x}) &= 2 - \frac{4000}{x_2^2x_3} = 0, \quad \hat{L}_{x_3}(\mathbf{x}) = 1 - \frac{4000}{x_2x_3^2} = 0
\end{aligned}$$

$$\Rightarrow\ x_2\hat{L}_{x_2}(\mathbf{x}) - x_3\hat{L}_{x_3}(\mathbf{x}) = 2x_2 - x_3 = 0 \iff x_3 = 2x_2$$

$$1 - \frac{4000}{x_2x_3^2} = 1 - \frac{4000}{4x_2^3} = 0 \iff x_2 = 10,\ x_3 = 20$$

$$x_1x_2x_3 = 200x_1 = 2000 \iff x_1 = 10$$

$$\mathrm{H}(x_2,x_3) = \begin{pmatrix} \frac{8000}{x_2^3x_3} & \frac{4000}{x_2^2x_3^2} \\ \frac{4000}{x_2^2x_3^2} & \frac{8000}{x_2x_3^3} \end{pmatrix} \quad \text{mit} \quad \begin{aligned} \det \mathrm{H}_1(x_2,x_3) &= \frac{8000}{x_2^3x_3} > 0\\ \det \mathrm{H}_2(x_2,x_3) &= \frac{(64-16)\,10^6}{x_2^4x_3^4} > 0\\ &\text{für alle } x_2, x_3 > 0 \end{aligned}$$

Also ist $\mathrm{H}(x_2,x_3)$ positiv definit und $(x_1,x_2,x_3) = (10,10,20)$ stellt eine kostenminimale Faktorkombination zum Produktionsniveau 2000 dar.

b) Nach Beispiel 10.7b gilt:

$$\varrho_{f,x_1}(10,10,20) = \frac{200}{2000} = \frac{1}{10} = \varrho_{f,x_2}(10,10,20)$$

$$\varrho_{f,x_3}(10,10,20) = \frac{100}{2000} = \frac{1}{20}$$

$$\varepsilon_{f,x_1}(10,10,20) = 1 = \varepsilon_{f,x_2}(10,10,20) = \varepsilon_{f,x_3}(10,10,20)$$

Lösung zu Aufgabe 85

a) $u(x_1, x_2, x_3) = x_1 f_1(x_1) + x_2 f_2(x_2) + x_3 f_3(x_3)$
$= 100x_1 - x_1^2 + 200x_2 - x_2^2 + 300x_3 - x_3^2$

Mit Satz 10.39, 10.40 erhalten wir:

$$L(\mathbf{x}, \lambda) = 100x_1 - x_1^2 + 200x_2 - x_2^2 + 300x_3 - x_3^2 + \lambda(x_1 + 2x_2 + 3x_3 - 70)$$

$$L_{x_1}(\mathbf{x}, \lambda) = 100 - 2x_1 + \lambda = 0$$

$$L_{x_2}(\mathbf{x}, \lambda) = 200 - 2x_2 + 2\lambda = 0$$

$$L_{x_3}(\mathbf{x}, \lambda) = 300 - 2x_3 + 3\lambda = 0$$

$$\Rightarrow \quad 2L_{x_1}(\mathbf{x}, \lambda) - L_{x_2}(\mathbf{x}, \lambda) = -4x_1 + 2x_2 = 0 \iff x_2 = 2x_1$$

$$3L_{x_1}(\mathbf{x}, \lambda) - L_{x_3}(\mathbf{x}, \lambda) = -6x_1 + 2x_3 = 0 \iff x_3 = 3x_1$$

$$L_\lambda(\mathbf{x}, \lambda) = x_1 + 2x_2 + 3x_3 - 70 = x_1 + 4x_1 + 9x_1 - 70$$

$$= 14x_1 - 70 = 0 \iff x_1 = 5$$

$$\Rightarrow (x_1, x_2, x_3) = (5, 10, 15), \ \lambda = -100 + 2x_1 = -90$$

$$\hat{\mathtt{H}}(\mathbf{x}, \lambda) = \begin{pmatrix} -2 & 0 & 0 \\ 0 & -2 & 0 \\ 0 & 0 & -2 \end{pmatrix} \text{ mit } \begin{array}{rcr} \det \hat{\mathtt{H}}_1(\mathbf{x}, \lambda) & = & -2 \\ \det \hat{\mathtt{H}}_2(\mathbf{x}, \lambda) & = & 4 \\ \det \hat{\mathtt{H}}_3(\mathbf{x}, \lambda) & = & -8 \end{array}$$

Also ist $\hat{\mathtt{H}}(\mathbf{x}, \lambda)$ negativ definit und $(x_1, x_2, x_3) = (5, 10, 15)$ maximiert den Umsatz mit $u(5, 10, 15) = 6650$.

b) Der Wert $-\lambda = 90$ gibt die näherungsweise Umsatzsteigerung für den Fall an, daß die Kapazität $c = 70$ um 1 Einheit erhöht wird.

c) Mit $x_3 = x_2$ und $x_1 + 2x_2 + 3x_3 = 70$ folgt:
$x_1 + 5x_2 = 70$ oder $x_1 = 70 - 5x_2$

$$u(x_1, x_2, x_3) = 100(70 - 5x_2) - (70 - 5x_2)^2 + 200x_2 - x_2^2 + 300x_2 - x_2^2$$

$$= 2100 + 700x_2 - 27x_2^2$$

$$u'(x_2) = 700 - 54x_2 = 0 \Rightarrow x_2 = \frac{700}{54} \approx 13 = x_3, \ x_1 = 5$$

$$u''(x_2) = -54 < 0$$

$$u(5, 13, 13) = 500 - 25 + 2600 - 169 + 3900 - 169$$

$$= 6637$$

Lösung zu Aufgabe 86

a) Zu lösen ist das Problem

$\min\{F(a,b) : a^2b = 0.5\} = \min\{a^2 + 4ab : a^2b = 0.5\}$.

Mit Satz 10.39, 10.40 erhalten wir:

$$L(a,b,\lambda) = a^2 + 4ab + \lambda(0.5 - a^2b)$$
$$L_a(a,b,\lambda) = 2a + 4b - 2ab\lambda = 0$$
$$L_b(a,b,\lambda) = 4a - \lambda a^2 = 0$$
$$\begin{aligned} aL_a(a,b,\lambda) - 2bL_b(a,b,\lambda) &= 2a^2 + 4ab - 8ab = 2a^2 - 4ab \\ &= 2a(a-2b) = 0 \end{aligned}$$

Wegen $a^2b = 0.5$ und damit $a \neq 0$ gilt $a = 2b$

$$\Rightarrow\ 4b^3 = 0.5 \ \Rightarrow\ b = \frac{1}{2},\ a = 1$$

$$\hat{\mathrm{H}}(a,b,\lambda) = \begin{pmatrix} 2-2b\lambda & 4-2a\lambda \\ 4-2a\lambda & 0 \end{pmatrix} \text{ ist indefinit}$$

Nach Satz 10.42 erhalten wir für $\lambda = \frac{4}{a}$:

$$\hat{L}(a,b) = a^2 + 4ab + \frac{4}{a}(0.5 - a^2b) = a^2 + \frac{2}{a}$$
$$\hat{L}_a(a,b) = 2a - \frac{2}{a^2} = 0 \iff a = 1 \iff b = \frac{1}{2}$$
$$\hat{L}_{aa}(a,b) = 2 + \frac{4}{a^3} > 0 \text{ für } a = 1$$

Die Fläche wird minimal für $a_0 = 1$ (Meter), $b_0 = 0.5$ (Meter).

b) $F^0 = F(1, \frac{1}{2}) = 3$ (Meter^2).

c) Ein Volumen von $a^2b = 0.51$ wird etwa erreicht durch $a = 1,\ b = 0.51$

$\Rightarrow\ F(1, 0.51) = 1 + 4 \cdot 0.51 = 3.04$

Die Fläche F^0 erhöht sich um ca. $\lambda = 4$ Quadratdezimeter bzw. um 400 Quadratzentimeter.

Lösung zu Aufgabe 87

a)
$$\int f_1(x)\,dx = \int \frac{2x}{x^2+1}\,dx = \ln(x^2+1) + c_1 \qquad \text{(Satz 11.12c)}$$

$$\int f_2(x)\,dx = \int \frac{x^2+1}{2x}\,dx = \int \frac{x}{2}\,dx + \int \frac{1}{2x}\,dx = \frac{x^2}{4} + \frac{1}{2}\ln|x| + c_2$$

(Satz 11.6b,c, 11.7)

$$\int f_3(x)\,dx = \int \frac{x^2+2x+1}{2x}\,dx = \int \frac{x}{2}\,dx + \int dx + \int \frac{1}{2x}\,dx$$
$$= \frac{x^2}{4} + x + \frac{1}{2}\ln|x| + c_3 \qquad \text{(Satz 11.6b,c, 11.7)}$$

$$\int f_4(x)\,dx = \int x\sqrt{x^2-100}\,dx = \frac{1}{2}\int f(g(x))g'(x)\,dx$$

mit $g(x) = x^2 - 100,\ g'(x) = 2x,\ f(g(x)) = (x^2-100)^{\frac{1}{2}}$

$$= \frac{1}{2}F(g(x)) + c_4 \qquad \text{(Satz 11.11, 11.6b)}$$
$$= \frac{1}{2}(x^2-100)^{\frac{3}{2}} \cdot \frac{2}{3} + c_4 = \frac{1}{3}(x^2-100)^{\frac{3}{2}} + c_4$$

$$\int f_5(x)\,dx = \int (3x^2 + \frac{2}{x} + e^{-3x} + 5)\,dx$$
$$= x^3 + 2\ln|x| - \frac{1}{3}e^{-3x} + 5x + c \qquad \text{(Satz 11.6, 11.7)}$$

$$\int f_6(x)\,dx = \int \frac{1}{x\ln x}\,dx = \int \frac{g'(x)}{g(x)}\,dx$$

mit $g(x) = \ln x,\ g'(x) = \frac{1}{x}$ (Satz 11.12c)

$$= \ln|g(x)| + c = \ln|\ln|x|| + c$$

b) Mit Definition 11.4 erhalten wir:

$$F_1(0) = \ln 1 + c_1 = 1 \ \Rightarrow\ c_1 = 1$$

$$F_2(1) = \frac{1}{4} + \frac{1}{2}\ln 1 + c_2 = 1 \ \Rightarrow\ c_2 = 1 - \frac{1}{4} = \frac{3}{4}$$

$$F_3(1) = \frac{1}{4} + 1 + \frac{1}{2}\ln 1 + c_3 = 1 \ \Rightarrow\ c_3 = -\frac{1}{4}$$

$$F_4(10) = \frac{1}{3}(100-100)^{\frac{3}{2}} + c_4 = 1 \ \Rightarrow\ c_4 = 1$$

Lösung zu Aufgabe 88

a)
$$\begin{aligned}\int x\cos x\,dx &= \int f(x)g'(x)\,dx \quad \text{mit } f(x)=x,\ g'(x)=\cos x\\ &= f(x)g(x)-\int f'(x)g(x)\,dx\\ &\quad \text{mit } f'(x)=1,\ g(x)=\sin x \qquad \text{(Satz 11.9)}\\ &= x\sin x-\int \sin x\,dx = x\sin x+\cos x+c\end{aligned}$$

$$\Rightarrow \int_0^\pi x\cos x\,dx = (x\sin x+\cos x)\Big|_0^\pi = 0-1-(0+1)=-2$$

(Satz 11.24, 11.25)

b)
$$\begin{aligned}\int x^2\sin x\,dx &= \int f(x)g'(x)\,dx \quad \text{mit } f(x)=x^2,\ g'(x)=\sin x\\ &= f(x)g(x)-\int f'(x)g(x)\,dx\\ &\quad \text{mit } f'(x)=2x,\ g(x)=-\cos x \qquad \text{(Satz 11.9)}\\ &= -x^2\cos x+\int 2x\cos x\,dx = -x^2\cos x+2\int x\cos x\,dx\end{aligned}$$

$$\begin{aligned}\Rightarrow \int_0^\pi x^2\sin x\,dx &= -x^2\cos x\Big|_0^\pi + 2(-2) \qquad \text{(Aufgabe 88a))}\\ &= \pi^2-4 \qquad \text{(Satz 11.24, 11.25)}\end{aligned}$$

c)
$$\begin{aligned}\int x\sin(x^2)\,dx &= \frac{1}{2}\int g'(x)f(g(x))\,dx\\ &\quad \text{mit } g(x)=x^2,\ g'(x)=2x,\ f(g(x))=\sin(x^2)\\ &= \frac{1}{2}F(g(x))+c \quad \text{mit } F(g(x))=-\cos(x^2)\\ &= -\frac{1}{2}\cos(x^2)+c \qquad \text{(Satz 11.11)}\end{aligned}$$

$$\Rightarrow \int_0^{\sqrt{\pi}} x\sin(x^2)\,dx = -\frac{1}{2}\cos(x^2)\Big|_0^{\sqrt{\pi}} = \frac{1}{2}+\frac{1}{2}=1$$

(Satz 11.24, 11.25)

d) $$\int x(\sin x)^2\,dx = \int f(x)g'(x)\,dx \text{ mit } f(x) = x\sin x,\ g'(x) = \sin x$$

$$= f(x)g(x) - \int f'(x)g(x)\,dx$$

$$\text{mit } f'(x) = \sin x + x\cos x,\ g(x) = -\cos x \quad \text{(Satz 11.9)}$$

$$= -x\sin x\cos x + \int \sin x\cos x\,dx + \int x(\cos x)^2\,dx$$

$$\Rightarrow\ 2\int x(\sin x)^2\,dx = -x\sin x\cos x + \int \sin x\cos x\,dx + \int x(\cos x)^2\,dx + \int x(\sin x)^2\,dx$$

$$= -x\sin x\cos x + \int \sin x\cos x\,dx + \int x\underbrace{\left((\cos x)^2 + (\sin x)^2\right)}_{=1}dx$$

$$= -x\sin x\cos x + \int \sin x\cos x\,dx + \frac{x^2}{2} \qquad (*)$$

Man berechnet

$$\int \sin x\cos x\,dx = \int f(x)g'(x)\,dx \quad \text{mit } f(x) = \sin x,\ g'(x) = \cos x$$

$$= f(x)g(x) - \int f'(x)g(x)\,dx \qquad \text{(Satz 11.9)}$$

$$\text{mit } f'(x) = \cos x,\ g(x) = \sin x$$

$$= (\sin x)^2 - \int \cos x\sin x\,dx$$

$$\Rightarrow\ \int \sin x\cos x\,dx = \frac{1}{2}(\sin x)^2 + c$$

und setzt dieses Ergebnis in $(*)$ ein.

$$2\int x(\sin x)^2\,dx = -x\sin x\cos x + \frac{1}{2}(\sin x)^2 + \frac{x^2}{2} + c$$

$$\Rightarrow \int x(\sin x)^2\,dx = -\frac{x}{2}\sin x\cos x + \frac{1}{4}(\sin x)^2 + \frac{x^2}{4} + \frac{c}{2}$$

Damit gilt auch

$$\int_0^\pi x(\sin x)^2\,dx = -\frac{x}{2}\sin x\cos x + \frac{1}{4}(\sin x)^2 + \frac{x^2}{4}\Big|_0^\pi = \frac{\pi^2}{4}$$

(Satz 11.24, 11.25)

Lösung zu Aufgabe 89

a) Unter Berücksichtigung von Definition 11.20, Beispiel 11.21 berechnen wir die Nullstellen von f : $\quad x(\sqrt{x}-1)=0 \iff x=0 \vee x=1$

Daraus folgt:

$$\begin{aligned}
\text{Fläche} &= \int_0^4 |x(\sqrt{x}-1)|\,dx = \int_0^1 x(1-\sqrt{x})\,dx + \int_1^4 x(\sqrt{x}-1)\,dx \\
&= \int_0^1 \left(x - x^{\frac{3}{2}}\right)\,dx + \int_1^4 \left(x^{\frac{3}{2}} - x\right)\,dx \\
&= \left(\frac{x^2}{2} - \frac{2}{5}x^{\frac{5}{2}}\right)\Big|_0^1 + \left(\frac{2}{5}x^{\frac{5}{2}} - \frac{x^2}{2}\right)\Big|_1^4 \\
&= \frac{1}{2} - \frac{2}{5} + \frac{2}{5}\cdot 32 - \frac{16}{2} - \frac{2}{5} + \frac{1}{2} = -\frac{14}{2} + \frac{60}{5} = 5
\end{aligned}$$

(Satz 11.24, 11.25)

b)
$$\begin{aligned}
\int_{-2}^{2} |x^2-1|\,dx &= \int_{-2}^{-1}(x^2-1)\,dx + \int_{-1}^{1}(1-x^2)\,dx + \int_{1}^{2}(x^2-1)\,dx \\
&= \left(\frac{x^3}{3} - x\right)\Big|_{-2}^{-1} + \left(x - \frac{x^3}{3}\right)\Big|_{-1}^{1} + \left(\frac{x^3}{3} - x\right)\Big|_{1}^{2} \\
&= -\frac{1}{3} + 1 + \frac{8}{3} - 2 + 1 - \frac{1}{3} + 1 - \frac{1}{3} + \frac{8}{3} - 2 - \frac{1}{3} + 1 = 4
\end{aligned}$$

(Satz 11.24, 11.25)

c)

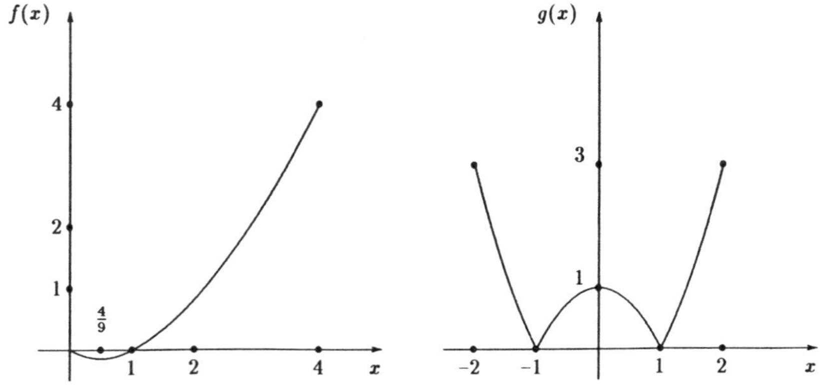

Lösung zu Aufgabe 90

a)

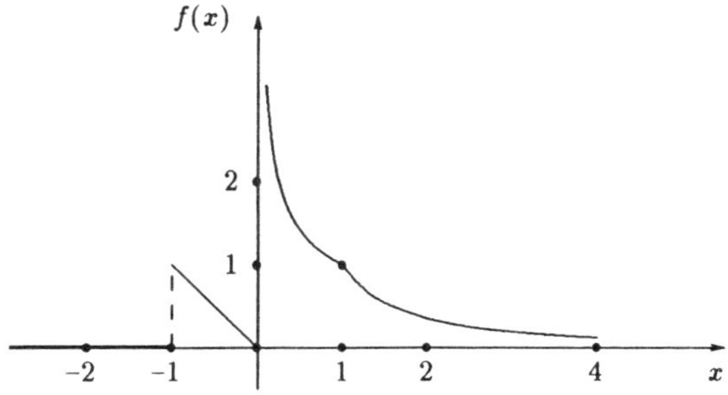

f ist unstetig für
$x = 0, -1$
(Definition 8.54)

$$\int_{-\infty}^{\infty} f(x)\,dx = \int_{-1}^{0} f(x)\,dx + \int_{0}^{1} f(x)\,dx + \int_{1}^{\infty} f(x)\,dx \qquad \text{(Satz 11.19)}$$

$$= \int_{-1}^{0} (-x)\,dx + \int_{0}^{1} x^{-\frac{1}{2}}\,dx + \int_{1}^{\infty} x^{-\frac{3}{2}}\,dx$$

$$= -\frac{x^2}{2}\Big|_{-1}^{0} + \lim_{\varepsilon \to 0} 2x^{\frac{1}{2}}\Big|_{\varepsilon}^{1} - \lim_{b \to \infty} 2x^{-\frac{1}{2}}\Big|_{1}^{b}$$

$$= \frac{1}{2} + 2 + 2 = 4.5 \qquad \text{(Satz 11.6b, 11.24, 11.25)}$$

b) $F(T) = \int_0^T f(t)\,dt = \int_0^T ae^{-at}\,dt = -e^{-at}\Big|_0^T = 1 - e^{-aT}$

(Satz 11.12e, 11.24, 11.25)

$F'(T) = f(T) = ae^{-aT} > 0 \;\Rightarrow\; F$ monoton wachsend (Satz 9.26a)

$F''(T) = f'(T) = -a^2e^{-aT} < 0 \;\Rightarrow\; F$ konkav (Satz 9.27b)

$\lim_{T\to\infty} F(T) = \lim_{T\to\infty} (1 - e^{-aT}) = 1$

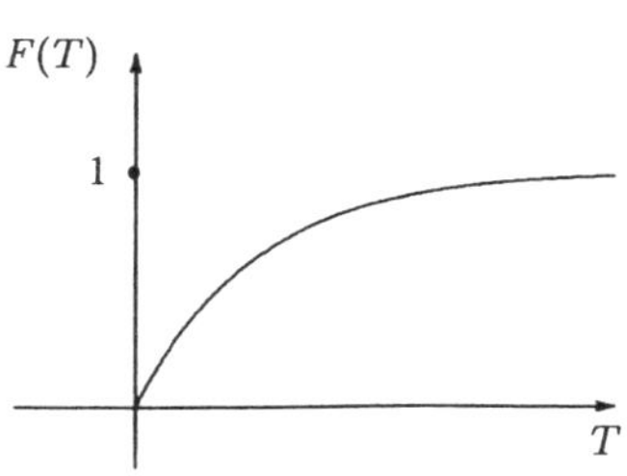

Der Wert $F(T)$ beschreibt den Vergessensanteil in Abhängigkeit der Zeit T mit
$F(0) = 0,\ F(\infty) = 1.$
Wegen der Monotonie und Konkavität von F wächst der Vergessensanteil degressiv, d.h., der Vergessenszuwachs schwächt sich im Laufe der Zeit ab.

Lösung zu Aufgabe 91

a)
$$\begin{aligned} G(T,r) &= \int_0^T g(t,r)\,dt = 2\pi r a \frac{1}{r}\int_0^T (1-\sin 2t\pi)\,dt \\ &= 2\pi a\left(t + \cos 2t\pi\cdot\frac{1}{2\pi}\right)\Big|_0^T \\ &= 2\pi a\left(T + \cos 2T\pi\cdot\frac{1}{2\pi}\right) - 2\pi a\left(\frac{1}{2\pi}\right) \\ &= 2\pi a T + a\cos 2T\pi - a \end{aligned}$$

(Satz 11.33, 11.24, 11.25)

b)
$$\begin{aligned} G(t,R) &= \int_0^R g(t,r)\,dt = 2\pi a(1-\sin 2t\pi)\int_0^R dr \\ &= 2\pi a(1-\sin 2t\pi)r\Big|_0^R = 2\pi a(1-\sin 2t\pi)R \end{aligned}$$

(Satz 11.33, 11.24, 11.25)

c)
$$\begin{aligned} G(T,R) &= \int_0^R\int_0^T g(t,r)\,dt\,dr = \int_0^R G(T,r)\,dr \\ &= \int_0^R (2\pi a T + a\cos 2T\pi - a)\,dr \\ &= ar(2\pi T + \cos 2T\pi - 1)\Big|_0^R \\ &= aR(2\pi T + \cos 2\pi T - 1) \end{aligned}$$

(Beispiel 11.36)

d)
$$\begin{aligned} G(T,r) &= 20\pi + \cos 20\pi - 1 \\ G(t,R) &= 20\pi(1-\sin 2t\pi) \\ G(T,R) &= 10(20\pi + \cos 20\pi - 1) = 200\pi \approx 628 \end{aligned}$$

Lösung zu Aufgabe 92

a) $w(t) = \dfrac{y'(t)}{y(t)} = \dfrac{1}{48}t^{\frac{1}{2}}$ (Definition 9.20)

$\Rightarrow \ln|y(t)| = \dfrac{1}{48}\int t^{\frac{1}{2}}\,dt = \dfrac{1}{48}\cdot\dfrac{2}{3}t^{\frac{3}{2}} + c_1 = \dfrac{1}{72}t^{\frac{3}{2}} + c_1$

(Satz 11.6b, 11.12c)

$\Rightarrow |y(t)| = e^{\frac{1}{72}t^{\frac{3}{2}}+c_1} = e^{\frac{1}{72}t^{\frac{3}{2}}}\cdot e^{c_1} = e^{\frac{1}{72}t^{\frac{3}{2}}}\cdot c$ (mit $c = e^{c_1} > 0$)

(Definition 8.43)

$$\Rightarrow \left.\begin{array}{lcl} y(36) & = & ce^{\frac{1}{72}\cdot 6^3} = ce^3 \\ y(0) & = & ce^0 = c \end{array}\right\} \Rightarrow c(e^3-1) = 191 \Rightarrow c \approx 10$$

$\Rightarrow y(t) = 10e^{\frac{1}{72}t^{\frac{3}{2}}}$

b)
$$\begin{array}{lcl} y(0) & = & c \approx 10 \\ y(12) & = & 10e^{\frac{1}{72}12^{\frac{3}{2}}} \approx 17.8 \\ y(24) & = & 10e^{\frac{1}{72}24^{\frac{3}{2}}} \approx 51.2,\ 100\cdot w(24) = \dfrac{100}{48}\sqrt{24} \approx 10.21\% \\ y(36) & = & 10e^3 \approx 200.9, \qquad 100\cdot w(36) = \dfrac{100}{48}6 = 12.5\% \end{array}$$

c) $w(t) = \dfrac{y'(t)}{y(t)} = 0.1$ (Definition 9.20)

$\Rightarrow \ln|y(t)| = 0.1\int dt = 0.1t + c_1$ (Satz 11.6b, 11.12c)

$\Rightarrow |y(t)| = ce^{0.1t}$ (mit $c = e^{c_1} > 0$) (Definition 8.43)

$$\Rightarrow \left.\begin{array}{lcl} y(36) & = & ce^{3.6} \\ y(0) & = & c \end{array}\right\} \Rightarrow c(e^{3.6}-1) = 191 \Rightarrow c \approx 5.4$$

$\Rightarrow y(t) = 5.4e^{0.1t}$

Damit ist
$$\begin{array}{lcl} y(0) & \approx & 5.4 \\ y(36) & \approx & 5.4e^{3.6} \approx 197.6 \end{array}$$

Lösung zu Aufgabe 93

a) I) $\frac{k_1'(x)}{k_1(x)} = \frac{a}{x} \Rightarrow \ln|k_1(x)| = \int \frac{a}{x}\,dx = a\ln|x| + c_1$

(Satz 11.12c)

$\Rightarrow |k_1(x)| = e^{a\ln|x|+c_1} = |x|^a \cdot c \quad (c = e^{c_1} > 0)$

(Definition 8.43)

$\Rightarrow k_1(1) = 1^a \cdot c = 5 \Rightarrow k_1(x) = 5x^a$

II) $\frac{k_2'(x)}{k_2(x) - b} = \frac{1}{x} \Rightarrow \ln|k_2(x) - b| = \int \frac{dx}{x} = \ln|x| + c_1$

(Satz 11.12c)

$\Rightarrow |k_2(x) - b| = e^{\ln|x|+c_1} = |x|c \quad (c = e^{c_1} > 0)$

(Definition 8.43)

$$\begin{aligned} \Rightarrow \quad k_2(x) &= b + |x|c \\ k_2(1) &= b + c = 5 \Rightarrow k_2(x) = b + (5-b)|x| \end{aligned}$$

b) $a = b = 1$: $\quad k_1(x) = 5x,\; k_2(x) = 1 + 4x \qquad x \geqq 1$

$\Rightarrow \quad k_1(x) \geqq k_2(x),\; k_2$ ist günstiger

$a = b = \frac{1}{2}$: $\quad k_1(x) = 5\sqrt{x},\; k_2(x) = 0.5 + 4.5x \qquad x \geqq 1$

$\Rightarrow \quad k_1(x) - k_2(x) = 5\sqrt{x} - 4.5x - 0.5$

$k_1'(x) - k_2'(x) = \frac{5}{2\sqrt{x}} - 4.5 < 0$ wegen $\frac{5}{2\sqrt{x}} < 4.5$

k_1 ist günstiger

$a = b = 2$: $\quad k_1(x) = 5x^2,\; k_2(x) = 2 + 3x \qquad x \geqq 1$

k_2 ist günstiger

Lösung zu Aufgabe 94

a) $\frac{s'(t)}{s(t)} = bt^{-a} \;\Rightarrow\; \ln|s(t)| = b\int t^{-a}\,dt$

Fall 1: $a = 1$ $\ln|s(t)| = b\ln t + c_1$ (Satz 11.12c)

$|s(t)| = e^{b\ln t + c_1} = c\,t^b \quad (c = e^{c_1} > 0)$

(Definition 8.43)

Fall 2: $a \neq 1$ $\ln|s(t)| = \frac{b}{1-a}t^{1-a} + c_1$ (Satz 11.6b, 11.12c)

$|s(t)| = e^{\frac{b}{1-a}t^{1-a}+c_1} = c\,e^{\frac{b}{1-a}t^{1-a}} \quad (c = e^{c_1} > 0)$

(Definition 8.43)

b) $s(1) = c\,e^{\frac{0.1}{0.5}\cdot 1} = c\,e^{0.2} = 10 \;\Rightarrow\; c \approx 8.2$

$\Rightarrow\; s(25) = 8.2e^{0.2\cdot\sqrt{25}} = 8.2e \approx 22.3$

$s(t) = 8.2e^{0.2\sqrt{t}} = 2\cdot s(1) = 20$

$\Rightarrow\; e^{0.2\sqrt{t}} = \frac{20}{8.2} \;\Rightarrow\; 0.2\sqrt{t} = \ln\frac{20}{8.2}$

$\Rightarrow\; \sqrt{t} = \frac{1}{0.2}\ln\frac{20}{8.2} \;\Rightarrow\; t = \left(5\ln\frac{20}{8.2}\right)^2 \approx 19.9$

Die Staatsverschuldung verdoppelt sich für $t \approx 19.9$.

Lösung zu Aufgabe 95

a) $\frac{y'(t)}{y(t)} = ab^t \;\Rightarrow\; \ln|y(t)| = a\int b^t\,dt = a\frac{b^t}{\ln b} + c_1$ (Satz 11.6e, 11.12c)

$\Rightarrow\; |y(t)| = e^{\frac{a}{\ln b}b^t + c_1} = ce^{\frac{a}{\ln b}b^t} \quad (c = e^{c_1} > 0)$ (Definition 8.43)

b) $\lim\limits_{t\to\infty} y(t) = c\lim\limits_{t\to\infty} e^{\frac{a}{\ln b}b^t} = c\cdot 1$ wegen $b \in \langle 0,1\rangle$ bzw. $\lim\limits_{t\to\infty} b^t = 0$

(Satz 7.15g)

c) $y(0) = 100\,e^{\frac{a}{\ln e^{-1}}\cdot 1} = 100\,e^{-a} = 50$

$\Rightarrow\; 2 = e^a \;\Rightarrow\; a = \ln 2 \approx 0.693$

Spezielle Lösung: $y(t) = 100\,e^{\frac{\ln 2}{\ln e^{-1}}e^{-t}} = 100\,e^{-\ln 2\, e^{-t}}$

$= 100\cdot(\frac{1}{2})^{e^{-t}} = 100\cdot 2^{-e^{-t}}$

Lösung zu Aufgabe 96

a) Unter Berücksichtigung von Satz 12.8 erhalten wir:

$$y(t) = \left(\prod_{k=0}^{t-1} k\right) y(0) + \sum_{i=0}^{t-2} 1 \prod_{k=i+1}^{t-1} k + 1$$

$$= 0 + \sum_{i=0}^{t-2}(i+1)\cdot\ldots\cdot(t-1) + 1$$

$$= \frac{(t-1)!}{0!} + \frac{(t-1)!}{1!} + \ldots + \frac{(t-1)!}{(t-1)!} + 1 = \sum_{i=0}^{t-1}\frac{(t-1)!}{i!} + 1$$

$z(t) = z(0) + t$ für $c = 1$

$z(t) = c^t z(0) + \frac{c^t - 1}{c-1}$ für $c \neq 1$

b) Mit Definition 9.19 erhalten wir:

$$\frac{y(t_0+1) - y(t_0)}{y(t_0)} = t_0 - 1 + \frac{1}{y(t_0)}$$

$$\frac{z(t_0+1) - z(t_0)}{z(t_0)} = c - 1 + \frac{1}{y(t_0)}$$

und damit $\frac{y(t_0+1) - y(t_0)}{y(t_0)} > \frac{z(t_0+1) - z(t_0)}{z(t_0)} \iff t_0 > c$

c) $c = 2,\ (y(0), z(0)) = (0,0) \;\Rightarrow\; z(t) = 2^t - 1$

Ferner gilt:

t	1	2	3	4	$\to\infty$
$y(t)$	1	2	5	16	$\to\infty$
$z(t)$	1	3	7	15	$\to\infty$

Lösung zu Aufgabe 97

$$y'(t) = -ay(t) + w(t)$$
$$\Rightarrow \; y(t) = e^{-at}(c_1 + \int w(t)e^{at}\,dt) \qquad \text{(Satz 12.12)}$$

$$w(t) = 0 \;\Rightarrow\; y(t) = c_1 e^{-0.1t} = 100\,e^{-0.1t} \qquad \text{(wegen } y(0) = c_1 = 100\text{)}$$
$$w(t) = 6 \;\Rightarrow\; y(t) = c_1 e^{-0.1t} + 60 = 40\,e^{-0.1t} + 60$$
$$\text{(wegen } y(0) = c_1 + 60 = 100 \;\Rightarrow\; c_1 = 40\text{)}$$

$$w(t) = 6(\sin \pi t + 1) \;\Rightarrow\; y(t) = e^{-0.1t}(c_1 + 6\int(\sin \pi t + 1)e^{0.1t}\,dt)$$

Dabei gilt (Beispiel 11.10b):

$$\int(\sin \pi t)\,e^{0.1t}\,dt = \int f(t)g'(t)\,dt \qquad \text{mit } f(t) = \sin \pi t,\; g'(t) = e^{0.1t}$$
$$= f(t)g(t) - \int f'(t)g(t)\,dt \qquad \text{(Satz 11.9)}$$
$$\text{mit } f'(t) = \pi \cos \pi t,\; g(t) = 10\,e^{0.1t}$$
$$= 10\,e^{0.1t}\sin \pi t - 10\pi \int(\cos \pi t)\,e^{0.1t}\,dt$$

$$= 10\,e^{0.1t}\sin \pi t - 10\pi \int f(t)g'(t)\,dt \qquad \text{mit } f(t) = \cos \pi t,\; g'(t) = e^{0.1t}$$

$$= 10\,e^{0.1t}\sin \pi t - 10\pi\left[f(t)g(t) - \int f'(t)g(t)\,dt\right] \qquad \text{(Satz 11.9)}$$
$$\text{mit } f'(t) = -\pi \sin \pi t,\; g(t) = 10\,e^{0.1t}$$

$$= 10e^{0.1t}\sin \pi t - 100\pi e^{0.1t}\cos \pi t - 100\pi^2 \int \sin \pi t\, e^{0.1t}\,dt$$

$$\Rightarrow\; (1 + 100\pi^2)\int \sin \pi t\, e^{0.1t}\,dt = 10\,e^{0.1t}(\sin \pi t - 10\pi \cos \pi t)$$

Daraus folgt für $y(t)$:

$$y(t) = e^{-0.1t}(c_1 + \frac{60}{1 + 100\pi^2}e^{0.1t}(\sin \pi t - 10\pi \cos \pi t) + 60\,e^{0.1t}) \qquad \text{(Satz 11.12e)}$$
$$= c_1\,e^{-0.1t} + \frac{60}{1 + 100\pi^2}(\sin \pi t - 10\pi \cos \pi t) + 60$$
$$\approx 41.9\,e^{-0.1t} + 0.06(\sin \pi t - 10\pi \cos \pi t) + 60$$

$$\text{(wegen } y(0) = c_1 + \frac{-600\pi}{1 + 100\pi^2} + 60 = 100 \;\Rightarrow\; c_1 = 40 + \frac{600\pi}{1 + 100\pi^2} \approx 41.9\text{)}$$

Lösung zu Aufgabe 98

a) Differenzengleichung:
$y(x+2)+3y(x+1)+2y(x)=1+2^x$

Mit Satz 12.16, 12.21, Beispiel 12.18 c,d erhalten wir schrittweise die Lösung.
Charakteristische Gleichung:
$\mu^2+3\mu+2=0 \;\Rightarrow\; \mu_1=-1,\; \mu_2=-2$

Allgemeine Lösung der homogenen Gleichung:
$y_H(x)=c_1(-1)^x+c_2(-2)^x$

Spezielle inhomogene Lösung:
$y_I(x)=z_0+z_1 2^x \;\Rightarrow\; y_I(x+1)=z_0+z_1 2^{x+1},\; y_I(x+2)=z_0+z_1 2^{x+2}$

Differenzengleichung für y_I:
$y_I(x+2)+3y_I(x+1)+2y_I(x)=1+2^x$
$\Rightarrow\; z_0+4z_1 2^x+3z_0+6z_1 2^x+2z_0+2z_1 2^x=1+2^x$

Koeffizientenvergleich für

$$\left.\begin{array}{l} 2^x: 4z_1+6z_1+2z_1=1 \;\Rightarrow\; z_1=\dfrac{1}{12} \\ x^0: z_0+3z_0+2z_0=1 \;\Rightarrow\; z_0=\dfrac{1}{6} \end{array}\right\} y_I(x)=\frac{1}{6}+\frac{1}{12}2^x$$

Allgemeine Lösung:
$y(x)=y_H(x)+y_I(x)=c_1(-1)^x+c_2(-2)^x+\dfrac{1}{6}+\dfrac{1}{12}2^x$

Differentialgleichung:
$y''(x) + 3y'(x) + 2y(x) = 1 + e^{2x}$

Mit Satz 12.16, 12.27, Beispiel 12.18a,b erhalten wir schrittweise die Lösung.
Charakteristische Gleichung:
$\lambda^2 + 3\lambda + 2 = 0 \;\Rightarrow\; \lambda_1 = -1,\; \lambda_2 = -2$

Allgemeine Lösung der homogenen Gleichung:
$y_H(x) = c_1\, e^{-x} + c_2\, e^{-2x}$

Spezielle inhomogene Lösung:
$y_I(x) = z_0 + z_1\, e^{2x} \;\Rightarrow\; y_I'(x) = 2z_1\, e^{2x},\; y_I''(x) = 4z_1\, e^{2x}$

Differentialgleichung für y_I:
$y_I''(x) + 3y_I'(x) + 2y_I(x) = 1 + e^{2x} \;\Rightarrow\; 4z_1\, e^{2x} + 6z_1\, e^{2x} + 2z_0 + 2z_1\, e^{2x} = 1 + e^{2x}$

Koeffizientenvergleich für

$$\left.\begin{array}{l} e^{2x} : 4z_1 + 6z_1 + 2z_1 = 1 \;\Rightarrow\; z_1 = \dfrac{1}{12} \\ x^0 : 2z_0 = 1 \;\Rightarrow\; z_0 = \dfrac{1}{2} \end{array}\right\} y_I(x) = \frac{1}{2} + \frac{1}{12} e^{2x}$$

Allgemeine Lösung:

$$y(x) = y_H(x) + y_I(x) = c_1\, e^{-x} + c_2\, e^{-2x} + \frac{1}{2} + \frac{1}{12} e^{2x}$$

b) Differenzengleichung:

$$\left.\begin{array}{l} y(0) = c_1 + c_2 + \dfrac{1}{6} + \dfrac{1}{12} = \dfrac{1}{3} \\ y(1) = -c_1 - 2c_2 + \dfrac{1}{6} + \dfrac{1}{6} = \dfrac{1}{4} \end{array}\right\} c_1 = \frac{1}{12},\; c_2 = 0$$

Spezielle Lösung:

$$y(x) = \frac{1}{12}(-1)^x + \frac{1}{6} + \frac{1}{12} 2^x = \frac{1}{12}(2 + 2^x + (-1)^x)$$

Differentialgleichung:

$$\left.\begin{array}{l} y(0) = c_1 + c_2 + \dfrac{1}{2} + \dfrac{1}{12} = \dfrac{3}{4} \\ y'(0) = -c_1 - 2c_2 + \dfrac{1}{6} = 0 \end{array}\right\} c_1 = \frac{1}{6},\; c_2 = 0$$

Spezielle Lösung:

$$y(x) = \frac{1}{6} e^{-x} + \frac{1}{2} + \frac{1}{12} e^{2x} = \frac{1}{12}(6 + 2\, e^{-x} + e^{2x})$$

Lösung zu Aufgabe 99

$y'''(x) - 10y''(x) + 25y'(x) = 5 \quad$ mit

$y_1(x) = y(x),\ y_2(x) = y_1'(x) = y'(x),\ y_3(x) = y_2'(x) = y''(x),$

$y_4(x) = y_3'(x) = y'''(x)$

$\Rightarrow\ \mathbf{y}'(x) = \mathbf{A}\mathbf{y}(x) + \mathbf{b} \quad$ mit

$$\mathbf{A} = \begin{pmatrix} 0 & 1 & 0 \\ 0 & 0 & 1 \\ 0 & -25 & 10 \end{pmatrix},\ \mathbf{y}(x) = \begin{pmatrix} y_1(x) \\ y_2(x) \\ y_3(x) \end{pmatrix},\ \mathbf{y}'(x) = \begin{pmatrix} y_1'(x) \\ y_2'(x) \\ y_3'(x) \end{pmatrix},\ \mathbf{b} = \begin{pmatrix} 0 \\ 0 \\ 5 \end{pmatrix}$$

$$\begin{aligned} \Rightarrow\ y_1'(x) &= y_2(x) \\ y_2'(x) &= y_3(x) \\ y_3'(x) &= -25y_2(x) + 10y_3(x) + 5 \end{aligned} \qquad \text{(Satz 12.33)}$$

Mit Satz 12.36, Beispiel 12.39 a,c erhalten wir schrittweise die Lösung.

Eigenwerte von $\mathbf{A}$:

$$\det\begin{pmatrix} -\lambda & 1 & 0 \\ 0 & -\lambda & 1 \\ 0 & -25 & 10-\lambda \end{pmatrix} = \lambda^2(10-\lambda) - 25\lambda = -\lambda(\lambda-5)(\lambda-5) = 0$$

$$\Rightarrow\ \lambda_1 = \lambda_2 = 5,\ \lambda_3 = 0$$

Lösungsansatz:

$\mathbf{y}_H(x) = \mathbf{d}_1\, e^{5x} + \mathbf{d}_2 x\, e^{5x} + \mathbf{d}_3$

$\mathbf{y}_H'(x) = 5\mathbf{d}_1\, e^{5x} + \mathbf{d}_2\, e^{5x} + 5\mathbf{d}_2 x\, e^{5x}$

Differentialgleichungssystem für $\mathbf{y}(x)$:

$$5\begin{pmatrix} d_{11} \\ d_{12} \\ d_{13} \end{pmatrix} e^{5x} + \begin{pmatrix} d_{21} \\ d_{22} \\ d_{23} \end{pmatrix} e^{5x} + 5\begin{pmatrix} d_{21} \\ d_{22} \\ d_{23} \end{pmatrix} x\, e^{5x}$$

$$= \begin{pmatrix} 0 & 1 & 0 \\ 0 & 0 & 1 \\ 0 & -25 & 10 \end{pmatrix} \left[\begin{pmatrix} d_{11} \\ d_{12} \\ d_{13} \end{pmatrix} e^{5x} + \begin{pmatrix} d_{21} \\ d_{22} \\ d_{23} \end{pmatrix} x\, e^{5x} + \begin{pmatrix} d_{31} \\ d_{32} \\ d_{33} \end{pmatrix} \right]$$

Koeffizientenvergleich

$$\text{für } e^{5x}: \left.\begin{array}{rcl} 5d_{11} + d_{21} &=& d_{12} \\ 5d_{12} + d_{22} &=& d_{13} \\ 5d_{13} + d_{23} &=& -25d_{12} + 10d_{13} \end{array}\right\} \Rightarrow \mathbf{d}_1 = \begin{pmatrix} d_{11} \\ 5d_{11} + d_{21} \\ 25d_{11} + 10d_{21} \end{pmatrix}$$

$$\text{für } x\,e^{5x}: \left.\begin{array}{rcl} 5d_{21} &=& d_{22} \\ 5d_{22} &=& d_{23} \\ 5d_{23} &=& -25d_{22} + 10d_{23} \end{array}\right\} \Rightarrow \mathbf{d}_2 = \begin{pmatrix} d_{21} \\ 5d_{21} \\ 25d_{21} \end{pmatrix}$$

$$\text{für } x^0: \left.\begin{array}{rcl} 0 &=& d_{32} = d_{33} \\ 0 &=& -25d_{32} + 10d_{33} \end{array}\right\} \Rightarrow \mathbf{d}_3 = \begin{pmatrix} d_{31} \\ 0 \\ 0 \end{pmatrix}$$

Allgemeine Lösung des homogenen Systems:

$$\mathbf{y}_H(x) = \mathbf{d}_1\, e^{5x} + \mathbf{d}_2 x\, e^{5x} + \mathbf{d}_3$$

$$= \begin{pmatrix} d_{11} \\ 5d_{11} + d_{21} \\ 25d_{11} + 10d_{21} \end{pmatrix} e^{5x} + \begin{pmatrix} d_{21} \\ 5d_{21} \\ 25d_{21} \end{pmatrix} x\, e^{5x} + \begin{pmatrix} d_{31} \\ 0 \\ 0 \end{pmatrix}$$

Störgliedansatz:

$$\mathbf{y}_I(x) = \begin{pmatrix} z_{10} + z_{11}x \\ z_{20} + z_{21}x \\ z_{30} + z_{31}x \end{pmatrix}, \quad \mathbf{y}_I'(x) = \begin{pmatrix} z_{11} \\ z_{21} \\ z_{31} \end{pmatrix}$$

Differentialgleichungssystem für $\mathbf{y}_I$:

$$\mathbf{y}_I'(x) = \mathbf{A}\mathbf{y}_I(x) + \mathbf{b}$$

$$\begin{pmatrix} z_{11} \\ z_{21} \\ z_{31} \end{pmatrix} = \begin{pmatrix} 0 & 1 & 0 \\ 0 & 0 & 1 \\ 0 & -25 & 10 \end{pmatrix} \begin{pmatrix} z_{10} + z_{11}x \\ z_{20} + z_{21}x \\ z_{30} + z_{31}x \end{pmatrix} + \begin{pmatrix} 0 \\ 0 \\ 5 \end{pmatrix}$$

Koeffizientenvergleich

$$\text{für } x^0: \left.\begin{array}{rcl} z_{11} &=& z_{20} \\ z_{21} &=& z_{30} \\ z_{31} &=& -25z_{20} + 10z_{30} + 5 \end{array}\right\} \Rightarrow z_{30} = 0,\ z_{11} = z_{20} = \frac{1}{5}$$

$$\text{für } x: \left.\begin{array}{rcl} 0 &=& z_{21} \\ 0 &=& z_{31} \\ 0 &=& -25z_{21} + 10z_{31} \end{array}\right\} \Rightarrow z_{21} = z_{31} = 0$$

Spezielle Lösung des inhomogenen Systems:

$$\mathbf{y}_I(x) = \begin{pmatrix} \frac{1}{5}x \\ \frac{1}{5} \\ 0 \end{pmatrix}$$

Allgemeine Lösung des inhomogenen Systems:

$$\mathbf{y}(x) = \mathbf{y}_H(x) + \mathbf{y}_I(x) = \mathbf{d}_1\, e^{5x} + \mathbf{d}_2 x\, e^{5x} + \mathbf{d}_3 + \begin{pmatrix} \frac{1}{5}x \\ \frac{1}{5} \\ 0 \end{pmatrix}$$

Allgemeine Lösung der Differentialgleichung:

$$y_1(x) = d_{11}\, e^{5x} + d_{21} x\, e^{5x} + d_{31} + \tfrac{1}{5}x$$

Lösung zu Aufgabe 100

$$y_1(x+2) = y_2(x+1) + (x+1)^2 = -y_1(x) + 2^x + (x+1)^2$$

$$\Rightarrow\; y_1(x+2) + y_1(x) = 2^x + x^2 + 2x + 1 \qquad \text{(Beispiel 12.34)}$$

Mit Satz 12.16, 12.21, Beispiel 12.18c,d erhalten wir schrittweise die Lösung.

Charakteristische Gleichung:

$$\mu^2 + 1 = 0, \quad \mu_1 = i, \quad \mu_2 = -i$$

Allgemeine Lösung der homogenen Gleichung:

$$\begin{aligned} y_H(x) &= c_1 \cos x\varphi + c_2 \sin x\varphi \\ &= c_1 \cos\frac{\pi x}{2} + c_2 \sin\frac{\pi x}{2} \qquad \text{wegen } \cos\varphi = 0,\ \sin\varphi = 1 \end{aligned}$$

Spezielle inhomogene Lösung:

$$y_I(x) = z_0 + z_1 x + z_2 x^2 + z_3 2^x$$
$$y_I(x+2) = z_0 + z_1(x+2) + z_2(x+2)^2 + 4z_3 2^x$$

Differenzengleichung für y_I :

$$y_I(x+2) + y_I(x) = 2^x + x^2 + 2x + 1$$
$$\Rightarrow\ 2z_0 + 2z_1 + 4z_2 + (2z_1 + 4z_2)x + 2z_2x^2 + 5z_3 2^x = 2^x + x^2 + 2x + 1$$

Koeffizientenvergleich für

$$\left.\begin{array}{lrcl} 2^x: & 5z_3 & = & 1 \\ x^2: & 2z_2 & = & 1 \\ x^1: & 2z_1 + 4z_2 & = & 2 \\ x^0: & 2z_0 + 2z_1 + 4z_2 & = & 1 \end{array}\right\} \quad \begin{array}{l} z_3 = \frac{1}{5} \\ z_2 = \frac{1}{2} \\ z_1 = 0 \\ z_0 = -\frac{1}{2} \end{array}$$

Allgemeine Lösung:

$$\begin{aligned} y(x) &= y_H(x) + y_I(x) \\ &= c_1 \cos\frac{\pi x}{2} + c_2 \sin\frac{\pi x}{2} - \frac{1}{2} + \frac{x^2}{2} + \frac{1}{5}2^x = y_1(x) \end{aligned}$$

$$\begin{aligned} \Rightarrow\ y_1(x+1) &= c_1 \cos\left(\frac{\pi x}{2} + \frac{\pi}{2}\right) + c_2 \sin\left(\frac{\pi x}{2} + \frac{\pi}{2}\right) - \frac{1}{2} + \frac{(x+1)^2}{2} + \frac{2}{5}2^x \\ &= c_1\left(-\sin\frac{\pi x}{2}\right) + c_2 \cos\frac{\pi x}{2} + x + \frac{x^2}{2} + \frac{2}{5}2^x \end{aligned}$$

(Satz 8.48b)

$$\begin{aligned} \Rightarrow\ y_2(x) &= y_1(x+1) - x^2 \\ &= -c_1 \sin\frac{\pi x}{2} + c_2 \cos\frac{\pi x}{2} + x - \frac{x^2}{2} + \frac{2}{5}2^x \end{aligned}$$

Die allgemeine Lösung des ursprünglichen Systems ergibt sich mit $y_1(x)$, $y_2(x)$.